职场"妈妈力"的
觉醒之道

每个妈妈都是天生的领导者

[美] 瓦莱丽·科克雷尔 著
Valerie Cockerell

陶丽丽 译

Manage Like A Mother

北京联合出版公司
Beijing United Publishing Co.,Ltd.

图书在版编目（CIP）数据

每个妈妈都是天生的领导者 /（美）瓦莱丽·科克雷尔著；陶丽丽译. -- 北京：北京联合出版公司, 2025.
8. -- ISBN 978-7-5596-8352-6

I. B848.4-49

中国国家版本馆CIP数据核字第2025N418T0号

Original English language edition published by Morgan James Publishing © 2023 by Valerie Cockerell. Copyright licensed by Waterside Productions, Inc., arranged with Andrew Nurnberg Associates International Limited.

Simplified Chinese edition copyright © 2025 by Beijing United Publishing Co., Ltd.
All rights reserved.
本作品中文简体字版权由北京联合出版有限责任公司所有
北京市版权局著作权合同登记 图字：01-2025-1239

每个妈妈都是天生的领导者

[美] 瓦莱丽·科克雷尔　著
陶丽丽　译

出　品　人：赵红仕
出版监制：刘　凯
选题策划：联合低音
策划编辑：赵　莉
责任编辑：龚　将
封面设计：今亮後聲 HOPESOUND
内文制作：聯合書莊　梁　霞

北京联合出版公司出版
（北京市西城区德外大街83号楼9层　100088）
北京联合天畅文化传播公司发行
北京美图印务有限公司印刷　新华书店经销
字数168千字　880毫米×1230毫米　1/32　8.75印张
2025年8月第1版　2025年8月第1次印刷
ISBN 978-7-5596-8352-6
定价：52.00元

版权所有，侵权必究
未经书面许可，不得以任何方式转载、复制、翻印本书部分或全部内容。
本书若有质量问题，请与本公司图书销售中心联系调换。电话：（010）64258472-800

推荐语

和丈夫 JJ 组建家庭后，我做了一个重要的决定：在家带孩子。但 14 年后，当我准备重返职场时，我却遭遇了不小的挫折。多年远离职场的现实，让我在求职路上屡屡受挫。尽管我曾在职场中积累了丰富的经验，但现在许多公司都不愿冒险雇用我。

我渴望成功，JJ 也认可我的才华与干劲，于是我们俩创办了一家企业，以充分发挥我的领导能力。我们的团队汇聚了一群出色的女性，她们在成为妈妈的过程中磨炼出了强大的领导能力，我们共同将"神奇度假策划公司"开办成了一家成功的机构。

在《每个妈妈都是天生的领导者》一书中，瓦莱丽·科克雷尔展现了她在做妈妈的过程中所获得的领导技能和宝贵智慧。读完这本书，你将以一种全新的眼光审视那些重返职场的女性。瓦莱丽以独特的视角，揭示了每一位妈妈身上潜藏的领导力潜能，而这也将成为你企业发展的重要财富。

——杰米·安·尤班克斯
神奇度假策划公司首席执行官

瓦莱丽认为领导力的经验教训可以适用于不同领域，我赞同她的观点。我欣赏瓦莱丽把从育儿过程中吸取的经验教训和智慧集结成册，并使用了发人深思的类比。

许多领导者——包括我本人——都会把自己的核心领导力经验追溯到父母身上，这充分证明了瓦莱丽的类比是多么贴切。所谓的领导力软技能，其实就是日复一日执行硬性原则。然而，正是这些软技能成就了优秀的领导者。瓦莱丽是我多年的老友，她一直身体力行地实践这些管理技能，为我们树立了榜样。这本书汇集了一系列优秀的案例，向我们传授了提高领导技能的宝贵经验。

——梅格·克罗夫顿
美国和法国迪士尼乐园及度假区运营部前总裁

《每个妈妈都是天生的领导者》这本书为我们呈现了一堂非常有力的领导力课程。它清晰而巧妙地捕捉到做妈妈与管理企业之间的相似之处，作者通过一些典型的案例，展示了如何像妈妈培养孩子一样去培养自己的员工队伍，令人印象深刻。

我的女儿辛西娅持有工商管理硕士学位，拥有丰富的商业经验，同时也是两个年幼孩子的妈妈。我们就《每个妈妈都是天生的领导者》一书中的有效经验，展开了大量积极而有趣的对话。书中每一章节都提供了强有力的、发人深省的技巧，帮助我们提高领导力和培养高效团队。我不仅给《每个妈妈都是天生的领导者》打5星，还要竖起两个大拇指。

——雷金纳德·华盛顿

RGW总裁兼首席执行官，帕拉迪斯·拉加德尔公司前餐饮部总裁，
摩根士丹利投资与私募股权组合部前首席执行官，
迪士尼全球餐饮运营部前副总裁

位于佛罗里达州奥兰多的图标公园（ICON Park）是一座新建的游乐场，被誉为世界娱乐市场上最具有竞争力的一家。这家游乐场的管理深受丹·科克雷尔所著的《企业文化》（*How's the Culture in Your Kingdom？*）和李·科克雷尔的力作《创造神奇》（*Creating Magic*）的启发。我们经常参考这些书，并遵循书中提到的管理原则，正是这一举措让我们的游乐场项目大放异彩，屡获殊荣。因此，当得知有机会提前阅读瓦莱丽·科克雷尔的《每个妈妈都是天生的领导者》时，我立即答应了。事实证明，这是一个极为明智的决定。

阅读这本书不仅是一次愉悦的体验，更是一场激发创造力的盛宴，书中的不少内容都让我感同身受，正如瓦莱丽所说，"每个人都有妈妈"。本书不仅提供了提高领导力的建议，还给予读者改善人际关系的见解。作为三个孩子的妈妈，瓦莱丽的育儿经历无疑是她宝贵财富的一部分。在迪士尼乐园的卓越管理成就，以及在世界各地担任企业顾问所积累的经验，不但让她拥有敏锐的洞察力，也成为她智慧的源泉。

本书让我思考并欣赏自己的妈妈和妻子"管理"孩子们的方式。瓦莱丽描述了很多适用于企业管理的成功育儿原则，这令我印象深刻。从员工入职到设定期望、建立愿景、运用故事，这些都是提高领导力的有效手段，也是如何谨慎地以身作则，以及创造性地减少冲突的有效方法。瓦莱丽的经验和洞察力，不仅帮助我成为一个更好的管理者，还让我成为一个更好的父亲。

——克里斯托弗·贾斯凯维奇
图标公园总裁兼首席执行官

相信很多人读《每个妈妈都是天生的领导者》这本书都会产生共鸣。然而阅读之前，或许大部分人都没有意识到，养育子女和管理企业之间竟有如此多的相似之处。瓦莱丽提供了一个新的视角，使人反思在育儿和领导过程中的管理方法——哪些奏效，哪些可能适得其反。

瓦莱丽具有敏锐的洞察力，她以谦逊而有趣的笔触，全面地探讨了如何成为更高效的员工和领导者。因此，我把这本书特别推荐给那些正处于职业生涯起步阶段的领导者们。

——艾琳·华莱士

大狼屋酒店前首席运营官，迪士尼公司运营执行副总裁

献给安娜，我心目中最棒的妈妈。
您的才华、坚韧和对生活的热爱，
　　每天都让我由衷赞叹。

目 录
CONTENTS

推荐序　　001

自序：本书的初心　　003

PART 1　为成功打好基础

01　品格至关重要——招聘要看价值观　　011

02　初为父母——入职培训　　015

03　传授基础知识——有效的培训　　024

04　我是你的朋友——与员工建立稳固的关系　　034

05　学会倾听和理解——培养情商　　044

06　规定就是规定——设定预期　　052

07　未来会怎样——树立长远愿景　　064

PART 2 工作方法

08	请相信我——创造相互信任的环境	079
09	施以严厉的爱——给予反馈	097
10	干得好——奖励与认可	112
11	你能听到我说话吗——如何进行有效交流	124
12	我有一个故事——把讲故事作为一种领导力实践	139
13	我想向你学习——成为榜样	148

PART 3 走向成功

14	时间问题——时间管理	161
15	有志者事竟成——通过创造性思维解决问题	181
16	与他人融洽相处——关于合作	193
17	你们就不能和睦相处吗——冲突管理	203
18	穿越激流——处理危机情况	215
19	继续努力——个人发展	223
20	孩子是怎么来的——培养好奇心	232

21　多么美好的世界呀——接纳文化多样性　　239

22　谢谢，妈妈——结尾　　250

后　记　　253

智慧传递　　255

致　谢　　265

推荐序

作为妈妈，最为孩子操心的莫过于孩子的安全与教育。这一点与企业中的领导者是一样的。领导者的重任就是培养出更多能够走向世界、为企业和社会做出积极贡献的领导者。

在《每个妈妈都是天生的领导者》中，瓦莱丽·科克雷尔清晰明了地展现了为人母亲与企业领导之间在领导责任上的深刻共鸣。

无论男女，只要谨记妈妈的教诲，就能成为更优秀的领导者。当然，爸爸对孩子的影响也很大，但我们知道，妈妈的管理和领导方式与爸爸完全不同。

妈妈的领导之所以有效，根源在于她对孩子的爱，以及对孩子幸福与成功的期盼。同理，当你尊重并关心你的团队，希望他们幸福而成功，你就能够成为更好的领导者。

我的妈妈总能以一种明确的方式，向我和哥哥杰瑞表达她对我们的期望。有一次，我们没有在宵禁之前回家，妈妈并未选择在家等待，而是在晚上 11 点亲自驾车进城寻找我们。妈妈出现在我们的朋友面前，将我们带走，并给了我们禁闭的惩罚。那一刻，我们感到无比的尴尬。那次开车回家的经历……可以说令人难忘。从此以后，我和哥哥再也没有辜负过妈妈的期望。因为我们知道，妈妈担心我们的安全。那天晚上，她教育了我们，让我们明白了履行承诺的重要性。

我们每个人之所以成为现在的自己，离不开父母、祖父母和其他榜样对我们的教育——既有他们亲自教导的内容，也有那些潜移默化影响了我们的品质，包括换位思考、严于律己、公正和坚定、欣赏与认可、鼓励、明晰的沟通、道德行为、尊重别人，以及其他无数宝贵的经验与实践。正是这些无形的行为，改善了我们自己以及身边每个人的生活。

作为领导者，你要知道你的每一位员工都是品牌形象的代言人。作为一名妈妈和一位经验丰富的国际商业领袖，我深知花时间学习瓦莱丽的经验是一项非常有价值的投资，因为它不仅能够帮助你提高领导力，还可以帮你培养更多优秀的员工。

李·科克雷尔
迪士尼世界执行副总裁（已退休）
《创造神奇：迪士尼的十个领导力策略常识》作者
瓦莱丽·科克雷尔的公公

自序：本书的初心

自助洗衣店或许不是世界上最浪漫的地方，但它却是我和丈夫丹相识的地方。那是1991年，在奥兰多，这座遍布"精灵之尘"[1]的城市。仿佛是命运的安排，就在这样一家不起眼的自助洗衣店，我邂逅了我的白马王子。

我出生在法国里昂，成年后，迪士尼公司聘请我在即将开业的巴黎迪士尼乐园负责零售运营工作，同时经营商品销售点。为了做好这份工作，我被派到佛罗里达学习迪士尼复杂的商品零售技巧。

---

[1] 精灵之尘（Pixie Dust）：又译为"仙尘"或"精灵尘"，常出现在童话故事中。现在也常被用于指代带有奇幻、神奇色彩的事物或元素。因位于奥兰多的迪士尼世界度假区是世界上面积最大的迪士尼乐园，童话元素丰富，所以作者作此比喻。——译者注

丹那时正参加一个管理培训项目,被分配至一个特别工作组。该工作组最终将被派往法国,协助巴黎迪士尼乐园开业。是的,当时我们两个人都在迪士尼世界接受培训。

尽管我们相识时是在堆满脏袜子的自助洗衣店,但我们之间瞬间产生的化学反应使初次见面变得格外神奇。那次相遇之后,我们建立了长期的关系,最终步入了婚姻殿堂。时至今日,我们的婚姻已经持续了29年,在这些年里,我们经常往返于大西洋两岸。

1991年底,我回到了法国,与12000名演职员(迪士尼对员工的称呼)并肩作战,为巴黎迪士尼乐园的开业做准备。1992年1月,丹带着为期18个月的签证飞往法国。他在那里负责监督停车场的运营,与大家一起全力以赴迎接1992年4月12日那盛大的开业庆典。

我们俩在迪士尼的事业蒸蒸日上,关系也日益亲密。经过18个月的交往,我们在巴黎郊区举办了一个小型仪式,正式结为夫妻。大约两年后,我们迎来了家庭的新成员,可爱的男孩朱利安。

我和丹在法国待了5年,之后搬到奥兰多,加入迪士尼世界的团队。1998年,我们的女儿玛戈特在奥兰多出生,2002年,我们最小的儿子特里斯坦也在那里出生。从此,我们一家五口在佛罗里达幸福地安居,家里的后院就是迪士尼的"魔法王国"。

在接下来的20年里,我几度进出职场,一边照顾孩子,一边努力追求事业。

随着职位的升迁，我和丹不仅学到了很多关于迪士尼的知识，还对我们自己有了更深的认识，也了解到与不同文化背景的人共事所面临的挑战。更何况，我们两人本身就跨越了文化的界限，共同走进了婚姻的殿堂。

丹最终担任了新纪元乐园、好莱坞影城、魔法王国的副总裁，成为12000名演职员的领导者。2018年，在担任该职务9年后，丹离开迪士尼，创办了一家专门从事客户服务、企业文化和领导力咨询的公司。

这一变化恰逢我们步入"空巢"阶段，因此我凭借自己在迪士尼学院担任培训师和零售业领导者的经验，迅速融入了他的新事业。

我们的公司致力于服务美国和其他国家的组织与企业。令人欣喜的是，我们很快便发现，在迪士尼世界之外，确实还有不一样的生活。

如今，我和丹携手为各行各业、规模不一的组织与企业提供咨询服务。最重要的是，我们终于得以抽身回望这段历程。回首往昔，我们发现自己已经走过了漫长的道路，也收获了不少宝贵的知识与经验。

迪士尼是享誉全球的财富500强企业之一，也是最有创造力与创新性的企业之一。能在这样的企业工作，我们深感荣幸。在那里，我们学会了如何引领团队，致力于提供出色的客户服务，不断超越客户的期望，努力追求卓越。然而，现在的我逐渐意识到，很多管理知识其实源自一份完全不同的工作，一份既没有职业道路也没有指导手册的工作——养育子女。

这些年来，我时常借助自己作为妈妈的经历，来阐述对领导力的独到见解，并希望能把这些智慧传递给更多人。因此，"妈妈是天生的领导者"这一口号应运而生。

我的公公李，是一位备受欢迎的主题演讲者和杰出的领导者。他经常分享自己从母亲那里学到的宝贵管理经验，母亲是他一生管理智慧的启蒙者。将养育子女与培养领导力相提并论，这样的视角总能深深触动观众，让大家感同身受，产生共鸣。

于是，我深入探究两者之间的可比性，发现成为优秀的领导者和当好妈妈之间有很多共通之处。我意识到，育儿中的技巧可以运用到我的职业生涯中。那些帮助我培训、认可、指导和增强团队力量的原则，与我在家养育孩子的理念不谋而合。

我发现，孩子们在成长中悄然帮我们编写了领导力手册。他们教会了我许多，让我脑海中的大体框架日渐清晰。可以说，本书中关于领导力的见解，既源自一位领导者的经验，也融合了一位妈妈的感悟。

还有一件事值得强调。妈妈的身份是杰出领导品质和行为的灵感源泉，**但我们不是非得亲身体验妈妈的角色，才能吸取来自妈妈的宝贵智慧。**

当我提出"像妈妈一样去管理"的理念时，我的本意是鼓励所有领导者，不论性别，也不论是否已为人父母，都能借鉴妈妈的智慧来引领团队。

毕竟，我们大家有一个共同点，**即每个人都有自己的妈妈。**

我们都是父母养育的孩子。回顾自己的成长之路，我们知道哪些方法让我们受益匪浅，哪些则有待商榷。诚然，妈妈并非完人，难免有做得不够完美之处，但我们可以从错误中吸取教训。

虽然我在迪士尼的魔幻世界工作了 15 年，但本书中所写的管理原则没有掺杂任何魔幻色彩。伟大的领导力是努力的结晶，而非魔法所能铸就。领导力的基本原则与妈妈日复一日的教养之道有着异曲同工之妙。

这句话听起来或许略显直白，但它却是基于我自己的职业生涯的深刻体会。我发现很多管理上的难题的解决方法往往简单明了，而我们却一直在寻求更复杂的方案。因此，在职业顾问的工作中，我经常告诉客户，提升领导力并不像研发火箭般高深莫测。

然而，简单之事未必易行，有效的领导和成功的育儿一样，都需要我们持之以恒、坚持不懈地付出努力。

当然，我并不认为自己就是一个完美的妈妈或是一个完美的领导者。通过阅读书中我分享的故事，你会发现我也经常失误。但是，只要能从错误中吸取教训，我们就会成长进步。可以说，在多年担任妈妈和大企业领导者的历程中，**正是因为不断面对错误，我才能持续成长，而非仅仅因为未曾犯错。**

同时，我不仅从自己的人生课程中得到了启发，还从我认识的许多其他妈妈的身上获得了灵感——包括我的妈妈安娜。每个妈妈都是"神奇女侠",尽管我们也有这样或那样的不完美,但初衷总是美好的。

多年来,通过对众多妈妈的观察和对自己所犯错误的评估,我非常清楚哪些管理之道行之有效,哪些则是徒劳无功。我相信,本书的内容也将会帮助你做到这一点。

本书中我提出的一些问题可能会揭示你在领导实践中的盲点。我和几个朋友在本书的末尾汇编了一些实践要领,并把这一部分命名为"智慧传递"。此部分可以指导你有效地将为人母的智慧应用到管理工作中。

最后,本书还汇集了很多来自世界各地的朋友和亲戚的箴言,凝聚了无数妈妈在育儿路上的智慧与建议。有些或许不能完全概括篇章的主题,却展示了妈妈们跨越年龄、国籍或文化,以各自独有的方式传递的深刻而有力的见解。

PART 1

为成功打好基础

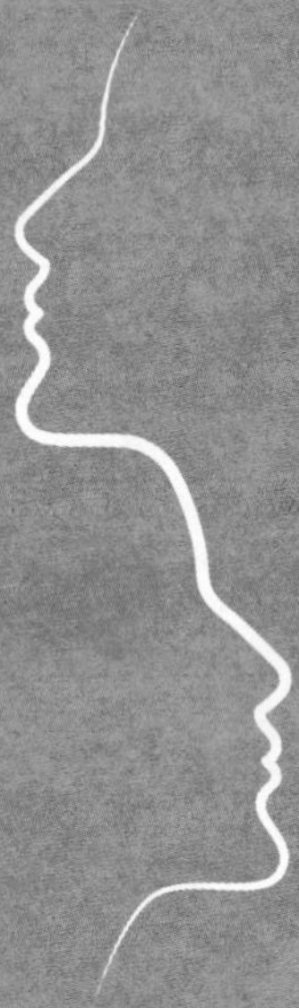

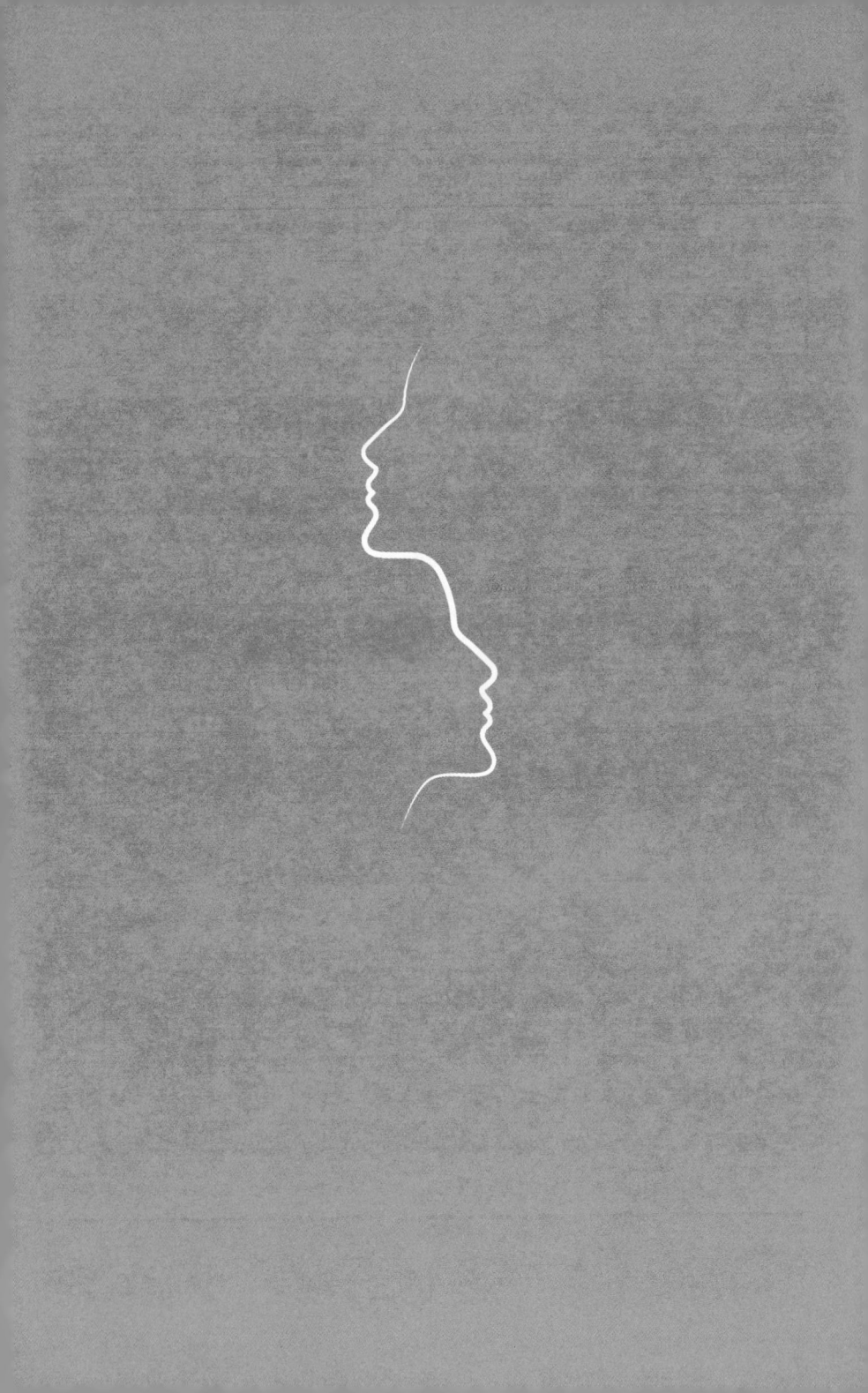

01
品格至关重要——招聘要看价值观

经过 18 个月的交往，我和丹结婚了。婚后我们去纽约度过了一个悠长的周末，那是 1994 年 11 月。在纽约，我们去华尔道夫酒店的孔雀巷酒吧喝了几杯。此行并非随意之举。20 世纪 60 年代初，我的公公曾在华尔道夫酒店担任宴会服务员，他与我们分享了酒吧名字背后的故事，并建议我们去看看。

在 20 世纪 20 年代，华尔道夫和阿斯托里亚还是两个独立的酒店，它们由一条长廊相连，长廊两侧遍布各式酒吧。由于位置的特殊性，这里成为许多权贵名流的聚集地。同时，许多年轻女性也常穿梭于此，希望能吸引某位富人的注意。这条长廊也因此而得名"孔雀巷"。

坐在这里，喝着饮料，我们聊到生孩子的话题。以前虽也零星谈及，但那次我们俩认真地分享了各自关于育儿的看法。我们深入探讨了教育、抚养、文化以及我们希望传授给孩子的价值观。令人感到惊讶的是，在这些问题上我们的见解竟然不谋而合。

我们一致认为，让孩子在法国与美国的双重文化熏陶下成长至关重要，他们应当接受全面的教育，同时我们应该鼓励他们独立探索自我才华和潜能。

在谈及父母责任、惩戒策略和宗教启蒙等话题时，我们的观点依旧高度一致。丹承诺他会成为一个全心全意分担养育子女责任的伴侣，这是对性别平等最真诚的表达，我听了非常高兴。

我们讨论了各自期望的参与程度，以及我们理想的育儿方式，同时分析了养育子女对家庭经济情况的影响。我们都希望多生孩子，尽管当时还未明确具体要生几个。随后，我们就生育的时间规划达成一致，并决定即刻着手准备。

带着对未来家庭的共同愿景，我们离开了孔雀巷。回酒店的路上，丹开玩笑说，如果我们的第一个孩子是男孩，就叫他华尔道夫，如果是女孩，就叫她阿斯托里亚。

幸运的是，十个月后我们的第一个孩子朱利安出生时，他已经完全忘记了当时用酒店名字起名的想法。

"女人会犯很多错误。而男人只会在两件事上犯错：说的话与做的事。"

——艾拉致普莉希拉·阿德莫尔　美国俄克拉何马州

这和领导力有什么关系啊？你可能会问。

在很大程度上——至少在西方文化中——女性对于选择生活伴侣拥有极大的话语权。她们可以自由选择心仪的伴侣，确保对方的价值观和育儿观与自己的相契合，并寻求愿意与她们一起学习和适应新变化的伴侣。因为没有人能对生活中的变化提前做好充分准备——特别是生孩子带来的变化。

作为一名领导者，在招聘新成员时，我始终将这些原则放在首位。正如我和丈夫在育儿观念上的高度一致，我在工作中也更倾向于雇用那些在职业道德、心态和价值观方面与我契合的员工。

当然，技能也很重要，特别是对一些特殊行业来说。比如，在招聘飞行员时，驾驶技术就比价值观重要。但多数情况下，当面临技能和价值观的选择时，我更倾向于选择与我价值观一致的人。

技能可以通过时间、培训和经验来提高。但价值观是根深蒂固的，几乎没有可塑性。

作为领导者，你也许可以引导员工在价值观上做出细微的调整，使之与团队的理念趋于一致，但你无法从根本上改变一个人的性格。归根结底，能够形成团队凝聚力的是大家对哪些行为是可接受的，哪些行为是不可接受的共识。这决定了你引领一支汇聚多元技能和个性的团队共同迈向同一目标的能力。

"务必搞清楚自己未来想做什么,以及希望与哪个人共享这段生命旅程。"

——玛格丽特·温妮弗雷德致珍妮·杜兰戈　美国科罗拉多州

因此,在涉及价值观和态度的问题上我始终坚持原则,绝不动摇。即使某项工作的招聘要求仅仅是能胜任岗位,但别忘了,我们招聘的是有血有肉的人。所以,在这个问题上我绝不会做出任何让步。

如果团队中的某个成员的价值观与整体格格不入,往往会表现出来。因为它会侵蚀团队文化,会影响我们能否招聘到合适的伙伴,更重要的是,它会削弱其他员工的工作效率和团队士气。这种消极的影响会传染。如果不及时止损,很可能在你察觉之前,整个团队的功能就已经失调了。

如果有选择的余地,**一定要始终优先考虑价值观、道德和心态,而不是技能、经验和知识**。这一定是你选拔团队首要考虑的因素。

对未来会成为妈妈的人来说,提前与伴侣就育儿观念进行深入沟通至关重要。确保双方在价值观和行事方式上达成共识。选择团队成员也是一样,只有这样做才能有效预防日后可能会出现的潜在麻烦。

02
初为父母——入职培训

1995年8月,巴黎,我第一次怀孕并已有8个月身孕。每天,我都会去泳池游几圈。有一次,我正兴致勃勃、步履蹒跚地从家里去往当地的水上运动中心时,偶遇了一位朋友。她也怀孕了,和我一样临近预产期。我们两个人看起来都像是随时要生的样子。看情形,那位年轻的救生员可能一直在祈祷,希望我们俩千万不要在他当值的时候临盆吧。

那时我和丹住在法国,所以按照当地的规定,我可以在预产期前两个月就开始休产假,之后再休三个月。总共五个月的幸福时光……至少我是这么认为的。

寒暄之后,朋友开始事无巨细地跟我分享她和丈夫购买的东西,以及他们为迎接第一个孩子所做的一切准备。简直比部署军事战役或探月计划都缜密!他们的准备工作包括储备婴儿用品,参加拉玛泽助产课程,预约合适的儿科医生,寻找可靠的临时保

"交朋友永远不要苛求完美。"

——艾米丽致苏茜　美国马萨诸塞州波士顿

姆，考察日托机构，面试居家保姆，等等。

我边听边礼貌地点点头，过了一会儿就找借口离开，照常去游泳了。但游泳的时候，我发现她的话一直萦绕在我的脑海。我越想越觉得恐慌：还有几个星期就临盆了，我竟然毫无准备！我开始感到惊慌失措。

我曾天真地以为，本能的母性力量足以让我应对未来的所有挑战，尽管这种力量尚未经过考验。但那一刻，我不禁满心疑虑，开始怀疑自己是否低估了新生活所带来的巨大变化？

那天晚上，我疯狂地翻阅书籍与杂志，搜寻相关信息，希望能为我和丹制订一个"作战"计划。我列出了一份长长的购物清单，还有一份更长的待办事项清单。

接下来的几个星期里，我参加了很多课程，向所有认识的妈妈提问，包括问亲戚朋友，问有经验的妈妈，也问新生儿妈妈。她们每个人都提供了很多建议，我的必备品清单也越来越长。我学到了自己需要了解的一切，甚至更多。

我找到了支持我的朋友、父母和亲戚，当然也找到了保姆和值得信赖的儿科医生。除了粉刷育儿室，我和丹还购买了所有妈妈熟知的婴儿用品，包括婴儿床、奶瓶、尿布、配方奶粉、毛绒玩具、摇铃、挂在婴儿床上的彩色旋转玩具和夜灯等等。我们挑选了公告孩子出生的卡片，创建了非常全面的通讯录，以便以后遇到任何问题都能立即快速拨号。

到瓜熟蒂落之时，所有的准备工作已就绪。9月2日凌晨1点左右，丹开车送我去妇产医院，5个小时后，我们漂亮的儿子朱利安出生了。总的来说，分娩过程非常顺利，这就是我们所期待的最好结果。

当时我以为这项工作中最具有挑战性的部分已经完成，但很快我就发现自己错了。艰巨的任务才刚刚开始。接下来还有更多的问题需要解答，以及更多的技能需要掌握。然而，就在那一刻，我们坚信自己已经为养育第一个孩子做好了充分的"入职"准备。

———

入职新工作和初为父母的情形非常相似，只是生活方式不会发生那么大的变化。那些帮助人们成功过渡为父母身份的行为准则，在职场环境中其实也同样适用。

之前也提到过，我曾在职场几进几出。我有过多次初入职场的经历，也有过代表领导层亲自引导新员工度过他们的入职首日的经历。因此，我熟知各种用人单位开展入职培训的情况。

有些公司的入职流程达到了近乎完美的程度。但大多数公司在这方面还存在不足。鉴于此，我总结了如下一些优秀入职培训的要素。

第一印象很重要

我们要像迎接新生儿一样，迎接每一位新加入的员工。新员工入职第一天的感受至关重要。这一天的安排预示着你作为领导者愿意对团队成员投入多少关注度。换位思考，新员工在踏入公司的第一天一定是怀揣着憧憬与激情。那么，筹备新员工入职时，你留意了哪些方面？这样的安排能否传递出公司对员工的深切关怀？是否让新员工感受到，他们的加入是公司发展中的一件大事？他们有没有备受欢迎的感觉？

作为领导者，切不可小觑入职首日对新员工的影响。公司当天的安排不仅是领导者立场的直接体现，更是公司是否愿意为员工的成长倾注心血，以及领导层监管风格的缩影。**入职培训是了解企业文化核心的一扇窗户。**

一定要重视员工入职的初体验。遗憾的是，我目睹过一些公司把新员工带到阴暗的自助餐厅后面，在一张黏糊糊的桌子上开始他们职业生涯的第一步——填写堆积如山的文件，而这几乎成了他们入职第一天的全部内容。然而，我也见过另一些公司的做法，他们把新员工带到培训室，那里准备了宽大的皮椅，桌上点缀着鲜花，还备有丰盛的自助餐。

"第一印象很重要。着装得体能帮助你取得成功。"

——凯致霍利　美国俄亥俄州布雷克斯维尔

精选协助入职的工作人员

在迪士尼,新员工入职首日,无论职位高低都要参加一门名为"传统"的课程。每一个从这堂课走出来的人,浑身都沾满了"精灵之尘"。

人们常常会惊讶地发现,这堂课是由一线员工轮流主持的。他们因身处前线,对企业的热情、激情和活力都显得尤为真实,且充满感染力。

因此,选择谁来负责员工入职的"第一站",其重要性不言而喻。他的表现将直接决定公司是为新员工留下深刻的积极印象,还是给公司留下挥之不去的污点。

带领新入职员工熟悉工作环境

在适当的时候,带领新员工参观一下单位的设施很有必要,包括停车场、洗手间和自助餐厅。若省略这一步,新员工可能会像无头苍蝇一样找不到自己想去的地方。因此,一定要为他们介绍新的工作环境。如果有必要，可以为他们提供一张地图。

这一步虽然看似显而易见，但令人惊讶的是，不少企业和组织竟然希望新员工能自行解决这个问题。就连在迪士尼，我也曾遇到一些新员工在"魔法王国"的隧道（即地下巨大的环形通道，也被称为Utilido）里艰难地寻觅自助餐厅。

此外，若有需要，你还应该确定新员工的工位，并确保其工作环境既整洁又热情。同时，别忘了为他们备齐所有办公必需品，包括名牌、密码和详细的登录信息等。

另外，不要忘记解释安全协议的事，同时介绍公司内部不同的部门构成及职能。许多企业只是给新员工提供一张满是名字和头衔的组织结构图，这种做法虽然能让他们了解上下级的组织结构，但在实际工作中效用相当有限。

一定要让新员工了解每个人的职责。也就是把组织结构图变成导航路线图。这样一来，当他们在工作中遇到问题时，他们就能找到正确的支持力量，如同一盏夜灯带给孩子的慰一样。

指定入职伙伴

谈及协助新员工顺利融入工作环境，为他们指派一位导师，帮助他们度过在公司的前几个月，会给他们带来截然不同的工作体验。新员工入职首日，通常会旋风般地与各位同事见面打招呼，但这种场面往往也会令他们不知所措。

"成功的关键,不在于你知道什么知识,而是在于你认识谁。"

——凯致霍利　美国俄亥俄州布雷克斯维尔

特别是当公司部门众多时,新员工想要摸清每位同事的工作职责和角色,确实是一大挑战。再加上如今的公司,尤其是在服务业和科技领域的公司,业务发展速度日新月异,这种快速变化更是让新员工感到晕头转向。

入职伙伴能够为新员工提供他迫切需要的安全感。在刚入职的过渡时期,如果有个人可以帮助新员工解决问题,那么新员工就能感受到极大的安慰和熟悉感,就像一只特殊的玩具熊或一条毯子对孩子的作用一样。

鼓励新员工提问题

婴儿监控器是新手妈妈的必备品之一,有了它,妈妈就能知道宝宝什么时候需要她。那么,员工的"婴儿监控器"又在哪里呢?

作为领导者,我们常常口头表示"随时恭候",但没有给予员工提问的机会,或者我们总是关着办公室的门。因此,一定要在第一天就鼓励员工提问题——任何问题。然后，定期询问他们，或者确保员工能够随时联系到你。

公告入职信息

就像对待新生儿的到来，公司应在内部发布新员工入职的信息，包括新员工的职位及其个人和职业信息。通过这些信息，团队和新员工之间就可以建立联系，并培养出融洽的关系。

亲自迎接新员工

如果新员工的入职手续主要由其他员工负责，那么你一定要亲自出面迎接。这一举动能让新员工感受到公司对他们的重视。你不仅要跟新员工握手，还要主动去了解他们。在交流中，不妨多问些问题。

你可以询问他们的家乡在哪儿，在哪里读书，以及他们业余时间喜欢做什么。除了一些显而易见的情况，你还可以询问他们每天如何来上班，以及通勤需要多长时间等。毕竟，员工的家庭与工作密不可分，这些因素都可能影响到他们在工作中的表现与效率。

你投入在新员工身上的时间，是一项能够得到长期回报的投资。因为这样做传递了一个强有力的信息，即你深切地关心着每一位团队成员，并且希望他们能够取得卓越成就。

我们应当像对待新生儿那样，为员工建立一个有效的入职流程。只有这样做，才能让新员工感受到自己被重视、被尊重，进而感到安心，甚至感到被爱。

刚刚入职的新员工，心中定是满怀激情，但同时也夹杂着对新工作环境的紧张，特别是那些第一次参加工作的人。此刻，他们正处于兴奋又焦虑的状态。

作为一名领导者，你的责任就是既要平息他们的紧张情绪，又要维持他们的热情。这是与员工建立联系的第一块垫脚石。

若你能出色地完成这项任务，那么当新员工结束第一天的工作，下班回家时，一定会对未来的日子感到兴奋，并对接下来的培训满怀期待。

03
传授基础知识——有效的培训

从宝宝降临的第一天起,新手爸妈就面临许多棘手的问题。如何判断宝宝吃饱了?何时该给宝宝添加新辅食?怎么让宝宝停止哭泣?我当时还遇到了一些非常基本的问题,比如,如何更换尿布?

诚然,作为我的第一个孩子,朱利安是我第一个必须亲手为他换尿布的宝宝。我当时深刻体会到,这项工作不适合胆小的人。我甚至考虑要不要穿上防护服,但经过多次失败的尝试后,我终于掌握了这项技能,尽管这些尝试增加了很多不必要的洗衣负担。如今,我已经可以闭着眼睛单手换尿布了。

尽管如此,我还是有很多东西需要学习,心中也仍然存有不少疑问。

理论上来说,我已经从众多妈妈那里学到了不少育儿妙招。但听别人讲是一回事,亲自照顾婴儿又是另一回事。此外,培养独立完成这件事的信心对我来说也是一个挑战。在朱利安第一次放声大哭时,朋友们传授的所有智慧仿佛瞬间消失。

幸运的是,法国的医疗体系为新手妈妈提供了长达一周的住院时间——至少当时是这样的。在最初的几天里,妈妈的主要任务就是休息。然后,渐渐地,妈妈可以根据自己的情况逐步参与到照顾新生儿的工作中。如果愿意,她们可以观看宝宝的第一次沐浴。当她们觉得自己已经准备好时,她们也可以在护士的监护下或独立为宝宝洗澡。

何时能够准备好独立完成这些育儿任务,完全取决于妈妈的决定。

在法国,除了给新生儿父母提供这些初期帮助,父母还得到了极好的育儿支持和服务资源。那时,一位儿科顾问亲自上门,仔细检查了我家的婴儿防护措施,并为我们提供了很多至关重要的建议和意见,仿佛是我们专属的婴儿交流师。此外,我们还可以拨打婴儿热线,无论白天还是黑夜,任何难题都能立即获得解答。

尽管得到了很多支持,但没过多久,我就开始情绪低落,对睡眠的渴望更是达到了前所未有的程度。因此,当我的父母安娜和维克多来巴黎看望我们时,我非常激动。妈妈的经验和安抚让我受益匪浅。妈妈主动承担了一些照顾婴儿的工作,为我争取了很多宝贵的休息时间,让我可以小睡片刻或泡个热水澡。更令我感激的是,她还非常专业地解答了我所有的疑惑。

我的父母离开以后,美国的公公婆婆李和普莉希拉来到法国

> "成为妈妈后,一定要每天洗澡、打扮,到户外呼吸新鲜空气!"
>
> ——玛希致丽莎 美国纽约州纽约市

看望朱利安,并帮我们照顾他。每天下午 5 点至 7 点,朱利安就会哭闹不止,这通常被称为婴儿"黄昏闹"。每当这时,我和丹都显得手足无措,而李和普莉希拉就会前来帮忙,怀抱朱利安在家里踱来踱去,直到把他哄好。他们知道如何治愈尿布疹或肚子痛,也能在 5 分钟内把婴儿哄睡。

关键是,我们得到了很多支持,每个人都愿意随时提供帮助。我和丹很快就完全相信,养育一个孩子确实需要"全村"的力量。但我们也意识到,能获得如此多的资源是多么幸运的事。这也让我们对自己作为父母的新角色充满信心,并确信一切都会好起来的。

就像新手父母需要向有经验的成熟父母学习一样,新员工也需要接受培训,需要得到鼓励、保障和支持,需要时间来消化和内化向他们袭来的海量新信息。

用心良苦的企业或组织往往会为新员工提供一本写满标准操作程序的手册，其中包含了员工在新岗位上需要了解的一切。这就相当于职场版的《孕期注意事项》，每个新妈妈的床头柜上肯定都有这样一本书。然而，阅读员工手册就像用消防水龙头喝水一样，过量的数据往往会让新员工不知所措。

就像初为人母一样，每个新员工都会按照自己的节奏掌握工作所需的技能，这没有问题，因为大家的学习方式各不相同。

例如，我的孩子们摆脱辅助轮，学会骑自行车的方式各不相同。

朱利安会通过大声唱歌的方式缓解自己内心的紧张，让自己专注于骑车。玛戈特就不一样，在我放手很久以后，她还在声嘶力竭地大喊："别放手！"而特里斯坦第一次骑自行车时就认为骑车毫无意义，他把车子扔到一边，几个星期没有再碰。之后的某一天，他突然跳上车，在没有任何人帮助的情况下学会了骑车。

职场里的团队也是如此。每个成员学习和处理信息的速度和方式各不相同，有的人通过观察的方式学习，有的人喜欢倾听，有的人通过实践来学习，还有的人以上三种方式都需要。

那么，优秀的培训计划是什么样的呢？以下是我的总结。

融入不同的学习方式

面对新员工，你不了解哪种方法对他最有效。因此，培训要包括听、看、做三种方式的内容。

虽然培训可以从口头传授知识和技能开始，但不要止步于此。相反，要为受训者提供观看他人实际操作的机会。理想的培训计划是让新员工与经验丰富的导师合作，在导师的指导下完成任务，不要怕耗时太多；之后再让他们独立工作。

你可能会认为这样的做法太过了，但你得明白，你已经在招聘和挑选新员工方面投入了时间和资源，只有现在对他们进行适当的培训，才能让他们更好地为团队做出贡献。

鼓励、引导和指导

诚然，新员工在工作中会犯错误，但作为领导者，无论他们犯了什么错误，你都应该为他们的努力，哪怕是微小的进步而喝彩。

这很像教孩子走路，是成长的必经之路。牵着孩子的双手帮孩子保持平衡，这既会给父母带来喜悦，也会让父母腰酸背痛。

当孩子尝试自己迈出第一步时，我们会为他们的努力欢呼，但当他们不可避免地失去平衡、摔倒在地时，我们也会安慰他们。

每一步都要庆祝，每一个里程碑都要喝彩，每一次哭泣都要安抚，这样我们才能让幼儿一直保持再次尝试的信心和动力。

幼儿的便盆训练也是如此。我听过其他父母分享他们如何完成这项可怕任务的故事，没有例外的是，这些故事都离不开鼓励

> "无论如何都要试一试。该来的总会来!"
>
> ——马塞琳致安娜　法国昂贝略昂比热

和奖励。比如我和丹,每当坐便训练有了成效,我们就会立即跳起所谓的"便便舞"。

虽然对待新员工不需要你像对待孩子一样偶尔哄骗或者溺爱,但他们确实需要得到鼓励、引导和指导。当他们偏离正轨时,他们也需要积极的强化训练和重新引导。

就像所有的新手爸妈一样,我和丹花了很长时间才真正了解了育儿。同理,新员工也不必在入职第一天就精通所有事务,你要让他们知道,犯错误很正常,而且周围的人都愿意伸出援手。

新员工并不了解自己的知识盲区

大多数公司都有固定的培训计划,几乎没有调整的余地。但我还是要提醒一下:新员工都希望给人留下良好的第一印象。当他们面对询问时,他们可能会隐瞒自己还需要更多时间或者存在疑惑。与此同时,还会有一些人过于自信,自以为已经掌握,实则不然。

大家都有过这样的经历:工作初期,我们并不知道自己不知道什么。就像我们并不总是知道该问哪些问题一样,新员工也是如此。

当我们的孩子年满 15 岁,到了可以考驾驶执照的年龄,我和丹都对此忐忑不安。由于我家所在地区的学校不提供驾驶培训,我和丹便绞尽脑汁,试图用各种借口来拖延这一不得不做的事情。我们甚至故意制造了一些先决条件,比如,"只要你掌握了洗碗机和洗衣机的操作方法,就可以学习如何驾驶汽车了"。

但无论我们如何努力,最终还是不得不面对现实,教孩子们开车。丹听从了我的意见。我很不情愿教孩子开车,并以自己是法国人为由表示反对——法国司机是出了名地狂野和鲁莽。不过,孩子总得有人去教,所以我最终还是妥协了,因为我的车比丹的车安全性更高。

我确定了附近的最佳路线,并效仿亚马逊和 UPS[1] 的做法,限制左转的次数,因为左转是许多事故的起因。我还挑选了训练新司机的最佳时间——周六和周日的清晨,因为这时是最安静的。

于是,每个周末从早上 6 点开始,我和我的孩子们就在家附近兜圈子,他们不断地沿着整个街区顺时针转圈,练习驾驶技术。直到他们掌握了基本的驾驶技能,我们的心情才渐渐稳定下来,允许他们驾车驶向大路,去应对更复杂的交通环境。

---

1 UPS,是美国联合包裹运送服务公司(United Parcel Service, Inc.)的简称。——译者注

一路上，我会不断安抚他们说开车很容易。但实际上，新手驾驶员往往难以预料到其他驾驶者的意图，也无法做出正确的反应。

毫无疑问，孩子们对我的话十分不屑，但很快特里斯坦就得到了教训。有一天，一个家伙从一条小路冲了出来，在我们的车前横冲直撞，完全无视我们的存在。特里斯坦猛地转向对面的车道，然后奇迹般地避开了迎面而来的车辆。

当特里斯坦终于把车停在路边时，我们都松了一口气。车上的每个人都对我所说的"你不知道你还不知道哪些东西"有了新的认识。

我的观点是，无论是哪种类型的培训计划，最好都要考虑到受训者将面临的环境和压力，同时也要评估所有可能会出现的麻烦。你不会指望你十几岁的孩子学会开车的第一天就在交通高峰时段的高速公路上开车，那么你为什么要把新员工送上风险最高的战场呢？

比起让新员工去接受众所周知的"火的洗礼"，我们更应该选择在非高峰时段或远离大型项目的地方，向他们提出适当的问题并评估其技能，以此来测试他们的知识水平。

客观地评估他们的准备情况，不要过早下论断或给他们压力。给予他们一个无压力的环境让他们逐步适应工作，待其掌握所需的技能后再加大压力，必要时还可以适当延长适应时间。

向新员工学习

另外,你也要注意倾听。因为当你关注新员工的见解时,你会从他们身上学到很多东西。他们是以全新的眼光来观察公司的,因此你一定要学会充分利用他们的看法,并从他们加入公司的头几周中吸取营养。

创造力和创新性往往源于灵机一动的想法(稍后将详细介绍),那些乍看之下稍显天真或荒谬的建议可能会变成真正宝贵的意见。

查看新员工的情况

最后,在新员工入职后三个月左右给他们一个反馈或检查的机会。那时,他们将有时间静下心来,反思自己在培训期间获得的信息、物资和知识,并向你反馈培训的收获,以及自己希望收获什么。

你可以问他们以下问题:你遇到了哪些障碍?你还希望自己了解这份工作的哪些方面?你是否希望对某个领域有更多了解?作为一个企业,我们可以做些什么不同的事情?我们如何更好地为未来的新员工做好准备?在入职和培训过程中,哪些人和哪些事对你帮助最大?

一定要从他们的见解中吸取经验,这可以帮助你改进企业的培训计划,并确保新员工有更高的工作效率。

你为新员工量身定制培训计划所付出的努力——包括回答他们的问题和提供他们所需的支持——表明，作为一个领导者和一个组织，你正在为新员工的长期成功做好准备，而不仅仅是填补空缺。

努力为新员工提供最佳的入职培训也表明，你非常关注员工的个人需求。这预示着你和员工之间从此将建立一种相互尊重和理解的关系。

04
我是你的朋友——与员工建立稳固的关系

多年前,我的婆婆普莉希拉送给我一个枕头,上面写着"探索野生动物:孩子"。天哪,这还真是轻描淡写!

你可能未曾预料到,在孩子蹒跚学步的初期,他们的情绪如同过山车般起伏不定,前一秒他们可能还是无忧无虑、随心所欲的样子,下一秒可能就会变得固执己见、不可理喻。

两岁多孩子的脾气真的很可怕,当时我根本没有做好准备。朱利安也有发脾气的时候。我曾天真地以为,只要摸清他的脾气,并学会控制就能搞定一切育儿难题。

后来玛戈特出生,对付朱利安的这套把戏就被抛到九霄云外去了。玛戈特闹脾气的可怕阶段一直持续到三四岁,而我却找不到问题根源。(我向你们保证:现在我们的女儿已经成长为一个非常有礼貌的年轻女孩,但在那时,文明礼貌只是一个遥不可及的梦想,而且看起来还是一个不可能实现的结果。)

实际上，这个年龄段的幼儿语言能力有限，难以表达自己的想法。因此随着他们的独立，就会对必须依赖父母才能完成某些事情感到不满。他们也会因为在决策过程中没有发言权而感到沮丧，而且他们通常很难理解自己的行为会产生什么结果。

更重要的是，幼儿不知道如何管理自己的情绪，他们没有能力应对压力。因此，他们往往会通过声音来发泄情绪，而且通常是声嘶力竭地发出声音。

说到声音，玛戈特不仅音量大，声调还高。她那震耳欲聋的叫声耗尽了我们的耐心。我试图用各种方法来控制她的脾气：忽视、安慰、讲道理、威胁甚至谈判，但这些方法通通不奏效。有一次我甚至打了她的小屁股。（当时我们住在法国，没有人会因此对你怒目而视，更不会指控你虐待儿童。）但即使是打屁股也没有任何效果。

那么，该怎么办呢？法国妇女自有一套理论。葡萄酒的发明正是考虑到了这种情况，这样妈妈就可以沉浸在"自我保健"中，以便在养育孩子的过程中生存下来——玩笑归玩笑，了解孩子是需要耐心和决心的，这样你才能根据孩子的需求和个性，调整并量身定制自己的育儿方式。

玛戈特发过几次脾气后，我才意识到，对付朱利安的那一套对她不管用。后来，我发现特里斯坦也需要不同的育儿方法。我终于明白，**育儿成功与否很大程度上取决于父母是否有能力去了解每个孩子，并理解孩子的行为逻辑。**

说到玛戈特，我那时下决心要找到她发脾气的根源。起初，我以为她只是累了。但后来我发现，她发脾气的时间很随意，有时是在清晨，有时是在午睡后。

然后，我开始考虑是不是吃的东西不对。糖吃多了，还是饭没吃饱？但限制她的糖摄入量或试图喂她吃东西也无济于事。

我想，她是不是受到了太多的刺激，或者是社交活动太多了？结果仍然一样，我没有找到答案。

于是，我用心研究玛戈特的行为，认真倾听她说的话，哪怕是随口说的。我还在脑海中拉清单，列出哪些事情可能刺激了她，哪些事情可能消耗了她的能量。终于，我找到了引发她发脾气的原因：秩序紊乱。

当生活有条理时，玛戈特的表现会好得多。而突如其来的事和日常节奏的改变，则会让她感到不适应。她喜欢有条不紊地生活，常规节奏令她茁壮成长。这一点在她开始上学前班后变得非常明显。在那里，她的每一天都被安排得非常有条理，而且她可以预测到每天的活动计划，这两点都很符合她的性格。

她找到了自己喜欢的生活，事情似乎在一夜之间就得到了改善。

一般来说，妈妈都知道自己的孩子适合什么样的生活。她会关注孩子的喜好，偏爱的环境，决定方式，以及孩子是在群体活动中更舒适，还是一对一交流时表现得更自在。这些都是宝贵的信息，据此，妈妈可以确定孩子的舒适区，并判断出什么样的生活能帮助孩子茁壮成长。

你感到很难与孩子们建立良好的关系吗？当然，妈妈经常需

"用蜂蜜抓苍蝇，比用醋抓到的更多。"

——莱蒂·梅致薇琪　美国密歇根州奎特曼

要在温柔和严厉之间保持平衡，她有时要做一个充满爱心和关怀备至的妈妈，有时又要用严厉的爱来教育和指导孩子。如果妈妈能成功做到这一点，她不仅能和孩子建立起良好的亲子关系，还能扫清障碍，建立一个和睦的家庭。

理解玛戈特之后，我成功地帮助她缓解了负面情绪，她不再发脾气，我们俩建立了以相互理解为基础的亲密关系。

众所周知，与员工建立良好的关系有助于组建高绩效团队。**作为领导者，把时间花在了解身边的员工以及理解他们的工作方式上，是最佳的投资选择。** 然而遗憾的是，这件事经常被推到最次要的地位，因为日程表上总有看似更重要的事。

与员工建立良好的关系很重要，但由于关系建设往往不被视为紧急事件，所以领导者常常未能给予其足够的重视。与员工建立良好的关系不直接产生经济效益，也不涉及关键绩效指标（KPI）。因此，领导者通常会优先处理那些能够产生直接影响的事。

你可能以为，在工作中只要假以时日，良好的关系自然就能形成。但了解团队——真正了解——不仅需要时间，还需要我们有意识地付出努力。有时即便大家共事多年，你也可能对员工的闪光点、抗压方式乃至生活背景知之甚少。尤其是在大型企业中，这种情况更为普遍。

不了解队友会增加团队合作的难度，使猜忌、曲解或误解有机可乘。

难以想象哪一项领导职责能够不依赖于良好的人际关系——无论是沟通、设定期望值、给予认可，还是反馈——而变得轻松易行。因此，领导者应该努力做到以下几点。

立即深入了解团队

如果你认识到这一点的重要性，也认同牢固的关系会让工作变得更轻松，那么何必非要等到日程表上出现"加强与团队联系"这一项时才开始行动呢？每个妈妈都知道，与新生儿建立联系是塑造亲子关系的关键。同样，如果你渴望与团队成员建立信任基础，那就请立即行动起来，亲自去了解他们。

你可以询问他们的配偶或另一半的名字，甚至孩子的名字；了解他们的背景，包括在哪里长大；同时可以聊聊他们最喜欢的食物、饮料和运动队；询问他们是否有食物过敏或不喜欢的食物；了解什么能让他们兴奋，什么会让他们担忧；探索他们心中最在意的事、热爱的事、对未来的希望以及他们眼中的目标。

你还要观察并记下以下问题的答案：他们需要什么来放松精神和恢复精力？他们如何做出决定或得出结论？他们的工作方法是否完善，在工作中是否能做到有条不紊？他们喜欢在群体环境中表现自己，还是只有被要求发言时才说话？他们喜欢在公开场合受到表扬，还是更喜欢在私下得到认可？他们如何应对变化和紧要关头的请求？

这些信息不是一次就能收集到的。当你观察他们的行动，与他们进行一对一的接触会议和随意交谈时，你会逐渐了解他们的喜好，了解他们成功的方法。

当你充分了解你的团队时，你就能够洞察每个人的想法，知道如何调动他们的情绪让他们以最佳的状态工作，明白他们能为企业提供什么价值，以及哪些因素会使他们偏离轨道。

分享你自己的生活

当你谈论自己的家庭、爱好和情感时，员工也会更愿意分享他们的情况。只要记得不要主导谈话即可。

你可能会发现你们拥有共同的兴趣爱好、相似的品味或观点，而所有这些都会在今后的工作中为你们提供更多的接触机会。你甚至可以将他们介绍给企业中其他有相同爱好的人，帮助他们更好地融入组织。在此过程中，你可能还会发现新员工身上一些原本没有被注意到的技能或天赋。

就像朱利安，他近期加入了一家大型生物医学工程公司。在

"你不可能永远是班上最聪明的人，但你可以永远是最和气的那一个。"

——安娜·贝拉致杰米　美国印第安纳州米切尔

入职期间，他和自己的直属领导交谈了好几个小时，两人相互了解，谈论了许多人际交往的基本问题。

就在交谈过程中，老板发现朱利安拥有法国和美国的双重国籍，而且法语讲得很流利。原来，该企业在法国的业务非常重要，因此朱利安的法语技能就显得尤为有用。虽然他的简历上对这个信息有所提及，但这一信息只有人力资源部（HR）知道。

同样，和新的团队成员闲聊，你可能会发现意想不到的事。

定制你的领导风格

就像妈妈不时变换育儿方式一样，你也应该根据自己对团队成员的了解来适当调整领导风格。有的人需要更多指导，你可以不定期安排一些一对一的交流；有的人更喜欢独立工作，只有在有需要的时候才会求助于你。

有些内向的员工可能从来不发表意见，除非领导直接与他们交流，但他们其实拥有丰富的想法和有趣的观点。你可以在会议期间让他们参与进来，或者在会后征求他们的意见。

有些员工需要不断的鼓励或肯定——或是公开场合的表彰，或是私下的表扬。你需要抽出几分钟时间来表达对他们的支持和认可。

当你原本熟悉的员工做了出格的举动，要考虑一下他们是否遇到了需要处理的个人问题。一定要给员工表达自己的机会，这样你才能了解他们或许正遭遇某种挑战。这也要求你适时调整自己的管理方式和对员工的期望值。

学会倾听

最近，我听了加州大学洛杉矶分校体操队教练瓦洛里·康多斯·菲尔德精彩的 TED 演讲[1]。瓦洛里讲述了自己是如何始终坚持开放式的沟通策略，与队员们展开自发、随意的交谈的，即使这些闲聊没有特定的议程，也与体操无关。

一天，团体体操运动员吉拉·罗斯出现在教练办公室，一反常态地谈论着一个无关紧要的话题。吉拉平时沉默寡言，她的反常让瓦洛里意识到有重要的事情发生了，这场闲聊只是在铺垫。

---

1 TED 演讲，是指 TED 机构及其环球会议中的演讲。TED 是美国的一家私有非营利机构，该机构以它组织的 TED 大会著称，这个会议的宗旨是"传播一切值得传播的创意"。——译者注

"穿僧袍的不一定是僧人。"

——安娜致瓦莱丽　法国里昂

她努力克制,没有打断吉拉,而是让吉拉慢慢敞开心扉。最终,这位体操运动员透露,她被前美国体操国家队医生拉里·纳萨尔性侵了。瓦洛里说道,如果她没有耐心倾听,吉拉可能永远不会分享她的故事。

人们总是希望有人倾听自己的心声,作为领导者,你必须为团队成员提供倾诉的渠道和机会,让他们可以随时联系你,并分享心里的想法。你有责任创造一种氛围,让你的团队愿意与你分享,同时你需要了解他们面临的巨大压力或者正在经历的挣扎。你应该让他们在压抑情绪还没有爆表之前就表达出来。

因此,当员工表达意见的时候,你要认真倾听。超越第一印象,就像妈妈对待自己的孩子一样,试着去理解员工整个人,包括他们的心理活动。

当你去了解自己的员工时,他们就会知道你关心他们,而不是只关注关键绩效指标。当你非常支持员工,关键绩效指标的提升也就不在话下。

因此，一定要投入时间真正了解他们。作为一名领导者，成功的管理取决于此。

05
学会倾听和理解——培养情商

在刚入学的几个月里,有一次玛戈特气冲冲地跑进家门。什么原因呢?原来是她的老师批评她,说她那天头发不整洁。

虽然玛戈特的小辫子看起来确实乱糟糟的,但我仍然很惊讶,一个大人怎么会对孩子说这样的话,所以我很理解她的感受。我安慰她,如果有人这样说我,我也会非常生气。这立刻化解了玛戈特的愤怒。因为她的感受得到了支持。

从那时起,我就开始运用这种洞察力。如果玛戈特看起来心烦意乱,我会让她表达自己的情绪,并帮助她找到可以用来描述自己情绪的词语。如果她感到害怕,我会安慰她,而不是否定她的感受。

有时,玛戈特会直接说"我生气了"。但要是我询问原因,她会告诉我她不知道。于是我告诉她,我有时也会莫名其妙地生气。(丹可以证明这一点。)玛戈特再一次知道,妈妈能理解她,所以她会感觉好一些。我的女儿知道，她可以分享自己的情绪而不会被评判或否定，她的心声能够被倾听和理解。

有时当孩子们情绪失控或面露不悦时，我会谨慎地选择应对方法。在采取行动之前，我会问自己：这句话能这么说吗？这样做有效吗？现在的时间和地点合适吗？……这些问题一旦有了答案，我就能找到正确的办法来化解这种情况。

要做到这一点，必须具有基本的情商（EQ）要素——自我意识、自我控制和同理心——这也是我希望孩子们能够学习的地方。有什么教育方式比以身作则更好呢？但是，说起来容易做起来难。

我知道孩子会仔细观察他们的父母，并模仿他们的反应，所以在"跨越卢比肯河"[1]之前，我会努力控制自己的情绪。但我有时也无法控制情绪，尤其是在与青少年打交道时，问题和情绪总是变得更加复杂。

承认吧，展现出自制力并不总是那么容易！不知道有多少次，我差点就没管住自己的嘴巴，将脏话脱口而出。

我的耐心经常受到考验。比如，当我们已经耽误了出门时间时，本就不情愿的女儿突然决定再换一套衣服，无论是她小时候还是青少年时期，这样的事都很常见；又比如，当我辛苦开车45分钟，终于把车停到学校的停车场时，我9岁的儿子告诉我他忘

---

[1] "cross the Rubicon"，直译为"跨过卢比肯河"，是一句谚语，表示"破釜沉舟""痛下决心"。——译者注

> "无论发生什么,都要往好的方面看。"
> ——伊莎贝拉致爱莎　法国昂贝略昂比热

了穿鞋;再比如,当消极乖张的少年无视我的评论和提问,翻着白眼,耸耸肩走开的时候……

很多时候,尽管我努力克制,我身上那股法国人的脾气还是会不由自主地显露出来。这样的情况屡见不鲜,每一次都是对我的自我意识和自我控制力的考验。慢慢地,我可以做到调节我的情绪——这是与孩子保持良好关系的先决条件。所有的妈妈都深知这一点,这听起来很容易,但执行起来却太难了。

优秀的领导者需要具备高情商。他们不仅要擅长管理自己的情绪,还要知道这些情绪会如何影响周围的人。就像妈妈努力共情孩子的感受一样,好的领导者可以理解他人并表现出同理心。最终,领导和员工之间会建立一种基于信任和相互尊重的良好关系。

情商中的一些品质可能是你天生就具备的,但大多数情况下,你仍然需要练习和付出。要想获得高情商,了解情商的基本要素是一个良好的起点。

培养自我意识

你多久会停下来反思自己的一天,思考自己是如何应对各种情况的?很多人对自己的情绪表现视而不见,他们可能会在不知不觉中提高嗓门,打断别人说话,生闷气或显得焦躁不安。

妈妈会毫不犹豫地提醒孩子注意自己的行为,并指出为什么这种行为是不恰当的,甚至是令人不快的。但遗憾的是,作为领导者,你身边很少有人能像妈妈那样指出你的问题。因此,不妨试着反省一下。

一天结束后,仔细想想你是如何应对各种事件的,考虑一下你是否需要向某人道歉。**找出激发自己情绪反应的诱因**,以便下次做出不同的反应。留意一下你在面对困难情境时的反应是否有规律可循。

向亲密的朋友或亲人寻求坦诚的反馈,也是提高自我意识的好方法。如果可能,去问问自己的妈妈。她应该能明确地告诉你是什么刺激了你,使你情绪大爆发。

练习自控能力

一旦你知道是什么让你生气,你就能控制自己的冲动。但事情并不是这么简单。你需要明白的是,自我控制并不意味着保持沉默。相反,**你要适当地表达情绪**。在强烈的情绪冲动驱使下,我们都曾说过让自己后悔的话或做过让自己后悔的事。因此,你必须试着读懂这些冲动的迹象，并进行自我调节。

首先，如果你发现自己心跳加速、手心出汗或双手颤抖，你最好将手头的事暂停一下，冷静下来后再开始解决问题；然后，你需要梳理自己的思维模式，从积极的角度重新看待问题。

最后，你可以听从妈妈的建议：说话前深呼吸几次或从一数到十。这种做法需要练习，需要用心去控制，以及——回到第一步——培养强大的自我意识。

表现出同理心

最后的最后，你需要具备换位思考的能力。作为领导者，你不能要求别人有这样或那样的感受，因为每个人都有权拥有自己的情感。表现出同理心并不是赞同，而是理解。这意味着，**即使你不理解他人的感受，你也要认可他人的感受。**

在面对有人表达悲伤、担忧或沮丧时，你不要谈论自己——即使你只是想证明自己的行为是正当的，或者表明你曾经处理过类似的情况。你要避免使用以"你就不能……"或"至少你已经……"等短语开头的句子，因为这些话会贬低他们的感受。

你必须找到恰如其分的词语来安抚对方，表明你听到了他们的心声，也认可他们的情感。如果你不知道说什么，一句简单的"我很抱歉你会有这种感觉"就足够了。

善用情商

作为领导者,你难免会看到员工发脾气,但并不是像孩子那样哭闹跺脚,而是长期累积的挫败感带来的情绪低落。这种挫败感会导致员工脱离工作,甚至选择离职。

当员工无法承受工作带来的压力时,他们可能会变得粗鲁、易怒、拒绝合作,就像一个受到过度刺激的孩子。

生活琐事加上工作压力,包括同事之间的紧张关系,都会逐渐侵蚀员工的工作表现,更不用说对他们的身心健康造成影响了。当你身处其中时,你往往容易忽视这些警示信号。

但是,如果你花时间了解你的合作者,你就能识别出触发这些情绪的原因,并在事态恶化前解决问题。你应该对员工的最佳工作状态有一个心理基准,这样一来,当员工出现反常情况时你就会注意到。提前感知危险信号会帮助你在这些人走到无可挽回的地步之前进行干预,或者是在他们陷入职业倦怠之前,或者摔门而去之前。

以下是你应该注意的一些警示信号:团队成员的表现和行为发生了什么令人注意的变化?他们是否比平时更加慌乱或显得更加不知所措?他们是否通过生闷气或肢体语言表现出敌意?他们是否会迅速反驳你的话?他们是否兴致不高或心不在焉?

如果你注意到了以上某种情况,你不妨与员工进行一对一的"工作谈话",做一些调查,问问他们每天早上踏上上班的路时,心中怀揣着怎样的期待。如果没有得到明确的答案,那你面临的可能是更加严峻的问题。接下来,你可以问他们对学习什么感兴趣,以及希望掌握什么技能。

再跨出一步,做进一步的调查:你有没有考虑离开这个企业?如果有,是什么原因导致你想离开?这是最近发生的事吗?你的工作量合适吗?对于那些反复出现并让你觉得有压力或感到不知所措的问题,我该如何帮助你解决?怎样才能改善你的工作体验?

你一定要继续挖掘,坚持不懈地寻找答案。如果你从未与你的员工进行过个人层面上的接触,或者没有表现出对员工利益的关注,那么他们只会说些你想听的套话,无法触及问题的核心。但是,如果你很早就投入到这段关系中,他们最终会敞开心扉,向你倾诉他们的挫败感。

你不但要学会运用你的情商,还要练习自我意识,在听到新信息时,注意自己的反应。你不用发表评论,只需与他们感同身受。再次强调,这并不意味着你必须默许他们的观点或者赞同他们的观点。你只需意识到他们的感受,并欢迎他们提出意见。稍后,你可以评估他们发言的价值,解决他们的顾虑,并采取行动。

就像玛戈特对秩序的需求,你的团队成员可能也有一些未被察觉的简单需求没有得到满足。这种挫折感就像一滴毒药,会污染整口井水,导致员工离职,从而增加企业的人员流失率。

然而,请记住,有些时候人们只是需要发泄。

情商是提升领导力的关键所在,对企业文化具有重大影响。

它深深植根于人际关系和基本的人际交往之中，如果你想取得长远的成功，就应该把它们视为你事业的命脉。

如果你了解自己的团队，并对团队成员表现出关心，那么你接下来要做的很多事情——建立协作团队、委派、认可、指导和提供反馈——都会变得容易得多。但首先，你必须为成功的目标设定明确的预期。这就是我们接下来要重点讨论的内容。

06
规定就是规定——设定预期

在朱利安学会开车后,我们就给他买了一辆二手车。我很高兴他能开车接送弟弟妹妹上下学,因为这减轻了我拼车的负担。

过去的 11 年里,我一直在奥兰多的主干道 I-4 号公路上来回奔波,周而复始。如果你熟悉佛罗里达州中部的交通情况,就会知道在 I-4 号州际公路上行驶,就像从淤塞的下水道中抽身一样——数以百万计的游客蜂拥而至,迫不及待地想把自己的薪水交给这里的主题公园。

最终,我成功说服了丈夫,我们得搬离公园,搬到离奥兰多市中心孩子们学校更近的地方。(我不知道"说服"这个词是否准确,因为我当时大约是这样说的:"我和孩子们要搬到市中心去。你要和我们一起吗?")

因此,在朱利安 16 岁的时候,我们家离学校大约两英里(约 3.2 千米),通勤既安全又方便。不过,我和丹决心给这个渴望自由的少年上一课：自由是需要付出代价的。

我之前提到过，我们要求孩子们必须先学会操作洗碗机和洗衣机，然后才会考虑让他们学开汽车。丹那睿智且务实的叔叔鲍勃和阿姨切瑞还建议我们把对朱利安拥有自己的车辆后的期望写下来。于是，我们和儿子签订了一份合同。

我们会支付买车费用和保险费用，但朱利安必须通过做些家务和打零工来赚取油钱。

我们会承担保养费用，但更换机油和定期保养要由朱利安负责。

我们要求车辆保持干净整洁，车里不堆杂物，并且油量始终不低于四分之一。这样，他就不会在开车闲逛的时候汽油耗尽，而不得不去远离主题乐园的某个简陋加油站加油。

头三个月，他不能载上朋友四处游玩——我甚至考虑过拆除驾驶座以外的所有座位！开车时也不能发短信或打电话，更不能摆弄收音机。我们还要求他在上下班高峰期避开高速公路，因为那里发生了太多的交通事故，还有很多性情古怪的司机。

为了稳妥起见，我们给他规定了宵禁时间，并列出了不遵守这些规定所承担的后果。

我承认，这些规定都很难执行，但我们非常认真，一定要确保朱利安清楚明白我们的期望。所以我们打印了合同，朱利安、丹和我都在上面签了字。

你可能会觉得这有点过头了，但请记住，作为一名妈妈，你在生活中只有两个目标：确保你的孩子过上比你更好的生活，以及保证他们的安全。我们认为，只有这么做才能解决安全的问题。

于是，朱利安最终得到了他梦寐以求的汽车。他开着车满城跑，去学校和足球训练场。他还特别愿意帮我跑腿，兴奋地抓住任何机会，一边开着车四处逛，一边用音响播放自己最喜欢的音乐。

最初几个月一切顺利。但就像所有美好的事物一样，这一切终会逝去。我们开始发现，车辆看起来越来越脏了，后座上堆满了黏糊糊的杯子和脏袜子。我们也没有听他说起过更换机油之类的事，我们怀疑他疏忽了这些重要事项。

一个星期天晚上，在家庭聚餐时，我们不经意地提起了汽车的话题，并说车子似乎有些疏于保养。朱利安立刻信誓旦旦地保证说，车子保养良好。于是，我丈夫说："很好，晚饭后我们去看看。"

一个小时后，丹把车开到了车道上，然后把车里的东西全部倒在了我家的前院里。看到那个场景，你一定会以为我家在搞车库大甩卖！院子里摆满了工具、书籍、学校的试卷、足够装备整个足球队的球服、脏衣服、衣架、大量的空汽水罐、毯子、枕头、废弃的食品盒，还有各种鞋子——大部分还都是单只的。

真不是我夸张。

同时，我们还发现油量几乎耗尽，发动机的故障指示灯已经亮起。不用说，我和丹都不太开心，朱利安也显得局促不安。他的弟弟妹妹都在为即将到来的暴风雨做准备。不过，闹剧并没有发生。

我只是在笔记本电脑上调出合同，把各种违规的处罚叠加起来，然后通知朱利安，他必须停止开车，同时接受禁足处罚。处罚时间加起来足足有三个星期！

大家都知道，青少年喜欢自由，喜欢与朋友接触，所以这个惩罚很严厉。不过值得赞扬的是，我们的儿子接受了。本来这很容易演变成一场闹剧，孩子可能会吵闹，会指责父母给予他不公平待遇，甚至会大喊大叫、摔门而去。但那次，我们家却没有发生争吵。为什么？因为我们已经提前向他清楚地表明了我们的期望。没有解释的余地。

当各方都清楚并理解事情的时候，争论就没有必要了。这时，我们要做的是回顾之前双方达成的共识，将其与被质疑的行为进行比对，找出不符之处和相应要承担的后果，采取应有的纪律处分。你要强调今后哪些地方需要改变，然后衡量他的进步和改进情况。

对于惩罚，朱利安表现得很好。他彻底清洁了自己的汽车，预约了换机油的时间，并在受罚期间改乘家庭拼车上学。

三周后，朱利安对独立自主有了新的认识。从那以后，他在保养汽车方面做得更好了。显然，他吸取了教训！

"因为我就是这么规定的！"这句话我说过无数次，多得我都记不清了。大多数时候提前设定明确的期望会非常有效，不过

偶尔也会出现特殊情况。

作为领导者，你可能也面临类似的困境。你可能觉得自己已经设定了明确的规则，但实际上，你还没有明确地向大家表达出你的期望。

然而，设定明确的期望是领导者的基本职责之一。请思考这个问题：领导意味着什么？从根本上说，大多数领导者都认为，领导就是要组织、指导和支持团队执行任务。而任何任务都必须定义明确、沟通清楚。

有时，你可能清楚地知道哪些工作需要完成，但却无法清楚地传达这些工作目标。这样一来，执行不力的责任就完全落在了你的肩上。

只有领导者思路清晰，团队才能高效运作。员工需要明确的任务、精确的指示和预期的结果，要做到这一点，请参考以下建议。

不要留下解释的余地

一定要明确表明你的期望，否则所有的要求都只是噪声而已。

我们告诉朱利安要保持汽车清洁，但他对清洁的定义却与我们大相径庭。这让我们明白，当我们期望某种结果时，我们需要提供具体的细节。所以，一定要考虑好你对结果、行为和沟通的具体要求。**你花的时间越多，考虑得越周全，事先提出的要求越**

"在期望别人为你做任何事情之前,请先了解做好这件事需要付出什么代价!"

——阿玛莉塔致玛法尔达　墨西哥米却肯州乌鲁阿潘

明确,就越能接近预期的结果。

这样做还有一个好处,就是双方沟通起来更容易,你不仅能更详尽地描述任务,还可以评估被指派的人对任务的接受度。

员工有问题、疑虑或犹豫怎么办?给他们机会表达出来。允许员工提问题,才能确保他们充分理解你所预期的结果。当然,还有更好的办法,那就是亲自示范。

刚开始在迪士尼从事零售工作时,我就被告知服务时要礼节周全,这是衡量服务质量的标准之一。起初,我以为礼节就是多用礼貌性的"魔力语言",如"你好""请""谢谢"和"再见",但是我错了。

有一天,我在艾波卡特馆工作,一位领导来店里帮忙。趁着店里客人不多,她便找我闲聊起来,询问我工作前两周的情况,以及对迪士尼和美国文化的适应情况。

这时,一个游客家庭走进休息室,这位领导向这家人问好,之后又继续询问他们的行程、来自哪里以及是否去过法国等问题。她跪下来与孩子们保持平视,询问他们最喜欢的卡通人物,并为他们在迪士尼乐园余下的游览时间提供提示和建议。然后，她热情地送孩子们出门，并说："祝你们度过奇妙的一天！"

亲眼见证这位领导与游客互动的过程后，我清楚地意识到，游客们在法国馆的体验主要源于与扮演法国公民的演职员之间的接触，当然顺道领略的法国文化也是不可或缺的部分。但更为关键的是，迪士尼员工能否让他们感受到自己是乐园尊贵的客人。在我看来，这位领导者展示了互动应有的表现和感觉。这才是迪士尼所说的礼节。

她的表现生动地描绘了我应该提供的服务水平，这给我留下了深刻的印象。同时，我也意识到，截至那一刻，我还没有完全达到迪士尼演职员应有的标准。

我这才恍然大悟，这位领导者的示范性行为并非巧合。尽管我已经知道这里的工作要求，但她还是想出了一种巧妙而有效的方式来表明对我的工作期望。她的示范就是对我明确的工作要求。

在我日后教育子女如何与人交往时，我想起了这一课。我教他们见面时如何握手，握手时要看着对方的眼睛。我希望他们通过提问和闲聊来表达对他人的兴趣。

虽然我教了他们这些，但我也知道，让他们学会的最好办法是我以身作则。听到和看到我如何做，会让他们更加明确我们对他们的期望，他们也会清楚地知道如何去做。

设定切合实际的预期目标

在设定预期要求时，你要确保所提的要求切合实际。由于时间紧迫，领导者常常会急于求成，导致没有充分考虑清楚就匆匆将任务分配下去。

问问自己，我是否将这项任务分配给了有能力、有资源完成任务的人？

一个妈妈不会让5岁的孩子自己洗衣服，但会让孩子帮忙把衣服按颜色分类，这样的任务更适合他们的年龄。等孩子再大一点，妈妈会教孩子操作洗衣机，再教他叠好洗干净的衣服，直到有一天，孩子完全可以自己洗衣服。

同样，领导者一定要根据新团队成员的具体情况制定指令，将任务分配给最有能力完成任务的人。团队中的每个人都不愿被视为无能之辈，因此很少会有人推辞任务——即使他们可能不具备完成任务所需的所有技能和资源。你要记住，他们不拒绝，只是想给你留下好印象。

制定配套的时间表

在我看来，商业领域最糟糕的缩写无疑是"ASAP"（尽快）。"尽快"到底是什么意思？1小时内完成任务？1天？1周？还是当你的日程安排有空闲时？

当你催促某人尽快处理某件事时，你可能并未充分考虑到对方的能力范围。同时，要求某人尽快完成某事也会给别人带来不必要的压力，因为这意味着完成胜于质量，这项任务优先于其他所有事项。

如果你是这样告知下属任务的截止日期的，那就太可笑了。一定要具体一点。比如你希望这项工作在当天完成，还是下周完成？一定要直接说出确切的日期。有的项目可以有浮动期限，这种情况下你也要确定一个日期，并让员工知道这个日期是可以根据情况适当协商调整的。如果你不希望你的团队在截止日期的前一晚上来找你要求延期，那你就还需要再设定一个允许协商的最后期限。

无论如何，你都要明确时间表和优先事项。仅仅要求"尽快"，不仅缺乏细节，员工也无法有效确定工作的优先顺序。

把预期目标细化为具体的工作

作为领导者，你不仅要对你的企业、工作目标和可支配资源有整体的把握，还必须了解需要怎么做才能实现预期。

在朱利安的案例中，我们其实可以简单提醒他"注意安全"，然后期待一切顺利。但更有效的做法是，让他明确知道哪些行为会保证他的安全——比如不打电话、不玩弄收音机、不搭载朋友、不在高峰时段在高速公路上开车等。

这同样适用于你的团队。明确你所预期的行为似乎显得有些矫枉过正，但请记住，明确就是善意。例如，如果你希望员工在年度颁奖典礼上打领带、穿夹克，那就直说，这样就避免了大家对商务着装的理解偏差。

解释原因

作为养育了三个孩子的妈妈，我可以证明，孩子们会挑战你，质疑你的每一个决定，特别是在他们的青春期阶段。但是我发现，当我们能够清楚地向他们解释设置规矩的理由，实现预期结果的概率就会大大提高。

就像青少年一样，团队成员有时会无法理解某项行动的影响或这么做的长期意义。因此，如果能向他们解释这些规定为什么对你以及整个团队都至关重要，那么大家遵守规定的概率就会大大提高。

频繁表达你的期望

一天，我和朋友玛丽带着七个年幼的孩子去电影院看电影。其中包括我们俩的五个孩子，还有我朋友玛希的两个孩子汉娜和娜奥米。

电影马上就要开始了，我递给孩子们一大包糖果，让他们分享。就在广告刚刚结束和电影即将开始的那片刻宁静中，一个细小的声音响起，所有人都听到了。"瓦莱丽小姐，这糖果符合犹太教规吗？如果不符合犹太教规，我妈妈说我不能吃。"坐在最

> "因为我就是这么规定的,这就是理由!"
> ——全世界的妈妈都曾对自己的孩子这样说

后一排的五岁的娜奥米说话了。

整个影院的人都大笑起来。然而,我不禁好奇,为什么坐在黑暗中的五岁小孩,即使妈妈不在身边也不肯吃一块糖果呢?她的妈妈是如何清晰地表达自己对孩子的要求的呢?

重复。这就是答案。当期望简单明了并经常传达时,对方就会牢记于心。正如妈妈教育孩子,领导者也应该这样说服自己的团队,他们期望的行为是正确的。

把目标和要求以书面形式确定下来

就像我们与朱利安签订协议一样,企业管理中也要白纸黑字地把对员工的预期要求确定下来。员工可以参考这些文件调整自己的工作。有些人需要时间来理清思路,完成任务,并清楚地把握预期目标。另外,在评估团队工作质量的时候,参照提前设定好的预期目标文件也会容易得多。

伟大的领导者与伟大的母亲在管理上有异曲同工之妙。他们设定自己的期望，不留任何解释的余地。他们能够分解和分配任务，同时确保员工了解工作的预期要求，掌握完成工作的一切资源，并助力员工迈向成功。更重要的是，他们能让员工深刻理解这些预期要求背后的原因，并能明白任务与团队总体目标之间的联系。

优秀的领导者总是着眼于未来，对推动企业发展有着清晰的愿景和规划。比如，领导者可能希望获得更多的市场份额，提高品牌知名度，开拓新的细分市场，并对行业或社区甚至世界产生影响。

对妈妈来说，对孩子的期望最终关系到孩子在五年、十年以及二十年长大成人后，能拥有怎样的生活品质。对领导者来说，这意味着要为企业制定一个长期目标，推动企业持续壮大，确保其可持续发展。

07

未来会怎样——树立长远愿景

    我和丹都热爱运动,我们也希望孩子们能分享这种激情,追求健康的生活方式,培养竞争精神——我们的希望没有落空。

    玛戈特 7 岁开始学习足球,是一名出色的足球运动员。在她学踢球的第一年,我主动担任她的足球教练,尽管我球技有限,但我对这项运动的热爱弥补了这一不足。和我一样,她也喜欢打网球,并且很快就练就了一手漂亮的反手球和敏捷的步法。

> "找一份能赚大钱的工作,然后追逐你的梦想。"
>
> ——塔米致苏西 巴西库里蒂巴

看到女儿参与我最喜欢的两项运动，我非常开心，也很乐意花时间在足球场或网球场边上为她加油。

随着日程安排越来越紧，玛戈特选择放弃网球，全身心地投入足球运动。11岁时，她加入了一支巡回足球队。为了参加佛罗里达州和其他地方的周末比赛，我开车载着她，行驶了相当长的路程。

玛戈特凭借身高、速度和力量在球场上脱颖而出，她有时打后卫，有时打前锋。到她14岁时，奥兰多城市队招募玛戈特参加精英俱乐部全国联赛（Elite Club National League，简称ECNL）。参加精英俱乐部全国联赛需要飞往全国各地参加展示赛，因此，玛戈特在学校里缺了很多课。这让我们开始质疑在运动上投入这么多时间和精力是否合适，但教练们立即告诉我们玛戈特潜力很大，于是，我们就有了让她去大学踢球的想法。玛戈特自己也愿意成为运动员，赞成这个想法。

虽然我并没有把希望完全寄托在这上面，但我一直在关注孩子未来的发展，思考未来可能会发生的事情。最后，我决心帮助女儿实现她的潜能。

我和玛戈特讨论了成为一名大学生运动员意味着什么，以及她可能会有怎样的经历。这鼓舞了玛戈特。她看到了成为大学生运动员的好处——更大的择校主动性、生活具有竞争性、拥有一群亲密朋友等。除此之外，她还可以得到额外的学业辅导，甚至可能免学费读大学。于是，她同意了成为一名大学联赛运动员的想法，并开始探索一些项目。

在这个过程中，我全力指导玛戈特，为她提供支持、建议和鼓励。

与此同时，朱利安和特里斯坦本身也都是出色的足球运动员，他们也参加了巡回的足球竞技比赛。因此，我和丹必须负责接送孩子们，让他们参加各自的比赛。这意味着我们一家五口很少能聚在一起度周末。尽管如此，我们知道，为了帮助孩子们追逐自己热爱的运动和梦想，牺牲周末时间只是很小的代价。

对玛戈特的大学足球梦来说，一切似乎都很顺利。但是，到达华盛顿特区后，一切都变了。

乔治城大学的一级足球队[1]邀请玛戈特的球队来校体验生活。她们带领玛戈特和她的队友参观了学校的设施，并与这群年轻的女高中生一起进行了训练。接下来，球队队长和几名球员与我们的女孩们进行了问答，并分享了她们作为大学生运动员的日常生活。

她们提到了清晨的锻炼课程、每天两次的训练、视频回顾学习、为满足学业要求而进行的辅导，当然还有为比赛而奔波的旅行。她们说话时，我不禁注意到玛戈特脸上的表情。我读出的并不是兴奋和兴趣，相反，她看起来不知所措，丝毫没有

---

[1] 一级足球队：美国大学体育协会（NCAA）将大学体育分为三个级别，分别是第一级别（Division I）、第二级别（Division II）和第三级别（Division III）。三个级别分别代表不同的竞技水平、奖学金机会等，其中一级（D1）意味着高级别竞技水平，学生会获得更多奖学金。——译者注

振奋的感觉。

在回家的路上,玛戈特开始重新考虑自己的选择。也许对她来说,加入一级球队终究不是个好主意。那么,三级球队会是更好的选择吗?当然,它的压力更小,能够更灵活地管理投入时间。

无论她做出怎样的选择,我都会支持她。

在随后的几个月里,两所顶尖的三类大学对玛戈特表现出了浓厚的兴趣,于是她前往这两所学校与教练组会面。但到了签约的时候,她一拖再拖。到了高三那年秋季,玛戈特终于下定了决心。她不想在大学里踢足球,就这样。她想学习商科,享受大学生活,不想再受到竞技体育的影响。

我们的计划和长期愿景戛然而止。我和丹知道试图改变玛戈特的想法是不明智的。因为她曾经想成为大学生运动员,但是现在她已经放弃了这个愿望。

作为妈妈,我们都对孩子寄予厚望。我们希望他们比自己更成功。我们憧憬着伟大的运动成就、辉煌的职业生涯、卓越的

"为什么梦想成真的不能是你?我赌你赢!做好计划,拿出胆量,涂上口红,去争取吧!"

——安尼特致艾琳　美国弗吉尼亚州弗吉尼亚海滩

成就以及赞赏与荣誉，这无可厚非。出于这样的想法，我们试图引导孩子们朝着这个方向前进，但又不过分干涉。在这个过程中，我们不断提醒自己：这是他们的生活、事业和梦想，不是我们的。

我和丹曾为玛戈特的大学生活描绘了一幅生动的图景，但最终未能如愿。于是，我们又回到原点，重新帮她选择和筛选众多商学院。

对父母来说，最重要的是要意识到孩子在选择自己的道路，即使这意味着我们要把目光投向完全不同的地平线。最终，玛戈特在科罗拉多大学博尔德分校找到了自己的幸福，完成了市场营销专业的商业学位。在享受着校园生活的同时，她还兼顾了多份实习工作，并在业余时间于科罗拉多州美丽的小径和滑雪道上尽情享受生活。

父母不应该主宰孩子人生的长远目标，但一定可以帮助他们找到通往自己所选职业的正确道路。作为领导者，你应该对自己的团队、部门或企业有高屋建瓴的愿景。你必须为员工提供一个明确的目的地，并铺平道路，让他们走上正确的道路。尽管埋头于企业的日常运营很有诱惑力，而且往往也很有必要，但企业还是需要领导者用长远的眼光来规划行动路线。思考一下：我们要实现什么目标？我们的发展方向在哪里？这些都是事关企业生存

的问题，作为领导者，你必须给出答案。

为了给企业的成功奠定基础，你必须明确什么是成功，然后围绕这一愿景制订战略。听起来很简单，不是吗？

但是，你会惊讶地发现，有多少"名存实亡"的领导者既没有明确的目标，也没有制订全面的战略。他们中的一些人虽然取得了一定的成功，但这种成功往往是短暂的。因为没有清晰的愿景，团队成员很容易感到困惑、气馁或沮丧，并偏离轨道。

为了更好地调动团队的责任心和热情，以下事项需要特别注意。

设定明确的目标

作为领导者，一定要确定清晰的工作愿景。一定要清楚你想把团队、项目、部门，或者——如果你是整个企业的最终决策者——你的企业带向何方。

这一愿景将成为你的"北极星"，是支撑企业战略目标的基础，也是团队必须遵循的行动指南。它能让你始终专注于企业最重要的方面。

首先，一定要明确企业在五年或十年后要达到的预期目标。深入思考，填补所有的空白。计划越详细，企业就越容易保持正确的前进方向。

但是，企业愿景不是指财务目标。财务目标无法鼓舞人心。就像早上叫醒孩子的时候，妈妈不会拿取得好成绩作为引导孩子去上学的理由。她们只会以学习、社交和乐趣作为诱饵。

其次，描绘一幅能激发团队想象力的图景，一幅能让你和员工从床上爬起来，知道你们正在为一个伟大的目标而共同努力的图景。没有人愿意跟随一个目标不明确、优柔寡断的领导者。当目标明确、道路清晰、总体目标宏伟时，员工会更愿意积极参与其中。

最后，为了开拓更多的可能性，你可以寻求亲密合作者的帮助，甚至求助于外部的合作伙伴——任何能够带来创新、远见和开拓精神的人。局外人的视角不仅会带来新的思维方式，还能拓宽你的视野。

既要有雄心壮志，又要切合实际

愿景要远大，但必须植根于企业的优势、资质和独特性。你不会引导你的孩子从事他们不具备必要技能或能力的职业。同样，如果缺乏完成任务的意愿、手段或资源，你也不应该带领你的团队或公司走上一条错误的路。因此，要确保你的愿景与你所掌握的资源相一致。

如果你制订的愿景缺乏上述某项条件，但又坚信它是正确的长期目标，那么在工作推进之前，你一定要集中精力先弥补这些不足。因为没有什么比瞄准一个遥不可及的目标更能扼杀热情了。

分享你的愿景

没有整个团队的努力和付出，宏伟的企业目标就不可能变成现

> "你想成为什么样的人,就去做!"
> ——森夏恩致切瑞　美国马里兰州切维蔡斯

实。你要引导团队成员发挥想象力,变被动贡献者为主动参与者。

通常,员工只能看到自己眼前的工作,他们的目标一般会局限于眼前的环境。你可以通过为他们描绘可能实现的愿景来扩大他们的视野。

想想看,当妈妈问孩子长大后想做什么时,大多数孩子都会回答想当老师、医生、消防员或运动员。他们甚至会倾向于选择父母的职业。为什么呢?因为这些职业是他们生活中看得到的。因此,妈妈有责任主动让孩子们看到生活中更多的可能性。

作为领导者,你需要为团队做相同的事情:扩大他们的视野,让他们看到更多的可能性。你要让员工了解他们的角色和职责对实现企业长远目标具有重要价值,让他们相信他们是企业的未来,并且他们能够掌握主动权。

大多数人工作是为了金钱和福利。但是,**除了完成自己的工作职责,他们也希望自己能够发挥作用,为更重要的事情做出贡献。**

如今进入职场的年轻一代,非常关注自己留下的足迹以及自己对周围世界的影响。他们渴望为实现更大的目标和更崇高的价值做出贡献。作为领导者，你一定要铸造一个值得追求的愿景，为有抱负的年轻人提供更多的机会。

个人成长也是主要动力之一。大多数员工都希望在企业中不断向上发展，如果员工看不到公司的前进方向，那么即使最优秀的员工也很快就会感到厌倦，并到其他地方寻找更有前途的未来。

优秀的团队成员渴望成长、提高技能、扩大知识面，以及处理新的、鼓舞人心的项目。但是，一家没有明确的长期目标和战略的公司无法实现他们的愿望。

将愿景目标放在首位和中心地位

一旦确定了目标，一定要把你的愿景渗透整个企业或组织——即从决策到认可和反馈的全过程。让愿景目标成为衡量进展的标准。

迪士尼在这方面做得非常好。公司的唯一目标就是为游客创造神奇的体验，它也因此成为世界第一大娱乐公司。因此，"创造神奇"成为所有迪士尼主题公园和酒店每天进行的内部沟通、表彰、绩效反馈和故事讲述的一部分。

无论演职员是直接与游客打交道还是从事辅助性工作，无论他们是小时工还是管理人员，每个人都紧盯目标。而且，他们确实做到了！有人可能会觉得"精灵之尘"的形容过犹不及，但它行之有效。

你可以随便问任何一位演职员,"今天要做什么?",所有人的回答都是要创造奇迹。我要告诉你,当你把某件事情作为谈论和实践的核心时,它就会成为你的肌肉记忆。

如何做到这一点?你必须交流,交流,再交流。妈妈最喜欢的教育方式不就是重复吗?想想妈妈是如何经常提醒孩子刷牙,直到这成为孩子日常生活的一部分。同样,如果你想让你的团队团结在一个目标周围,也需要不断重复。你不能只是把愿景声明贴在墙上或网站上,然后一年提一回。

一旦愿景完全根植于企业的基因之中,制订战略就会变得更加容易。你可以从目标出发,依据目标来权衡你所做的每一个决定,将你的所有期望都瞄准目标,并确保每一步都朝着这个方向前进。

时刻准备应对新的变化

如果行业竞争非常激烈,公司很难取得大的进步,空缺的职位很难招到合适的求职者,或者公司正在面临人员流失,那么,可能是时候重新评估你的长期目标了。也许是因为你的愿景与现实脱节,也许是愿景已经过时,变得陈旧,无法再激发员工的活力了。

世事无常,瞬息万变。请记住,通往成功的道路并不像过去那样清晰简单。随着技术的不断进步和全球化进程的加速,成功之路也变得更加复杂。

"相信直觉，勇往直前！"

——丹妮致维罗妮卡　法国桑特尼

现在的职场和市场需要新的技能。把你的团队当成你的孩子。随着团队成员的成长和成熟，你会更好地了解他们的独特性、优势和潜力。有时，这些潜力还不足以实现你所期望的愿景，或者你所在领域的竞争变得过于激烈。如果你无法解决这些问题，不要犹豫，你一定要调整或重构你的愿景，甚至完全改变方向。有些领导者和企业就是因为没有做到这一点而付出了长期亏损的代价。

就像玛戈特的足球生涯一样，有时你必须做好弃牌的准备，然后重新抽出一手好牌。这一点不仅毫无疑义，而且在当今的环境中还非常有必要。俗话说，**你不能指挥风向，但你可以调整风帆。**

在养育孩子的过程中，妈妈为孩子提供的是跳板，而不是快车道。快车道会让孩子产生隧道式视觉、短视、盲点——甚至走进死胡同。跳板则会给孩子们动力，推动他们向上，更重要的是能为他们提供更广阔的视野。作为一名领导者，你必须将愿景视为企业发展的跳板。

聘请品行端正的合作伙伴和团队成员，创建行之有效的入职和培训流程，如果你已经完成了上述各项事宜，那么你已经为成功铺平了道路，这不仅能够营造和谐的团队关系，还能将和谐健康的关系持续下去。其他必要的管理要点还包括设定明确的预期，制订清晰的愿景，引导团队和企业朝着远大的目标前进。至此，基本要素已经到位。

接下来，你可以将注意力集中在日常行为上，以激发员工的敬业度。这些就是我所说的**领导层工作方法**：营造信任的环境、提供反馈、奖励团队、有效沟通、建立适宜的行为模式……这些都是领导者每天必须关注的事情。

这些领导习惯可以将员工转化为高效且敬业度高的团队成员。这就是我们将在第二部分重点讨论的内容。

PART 2

工作方法

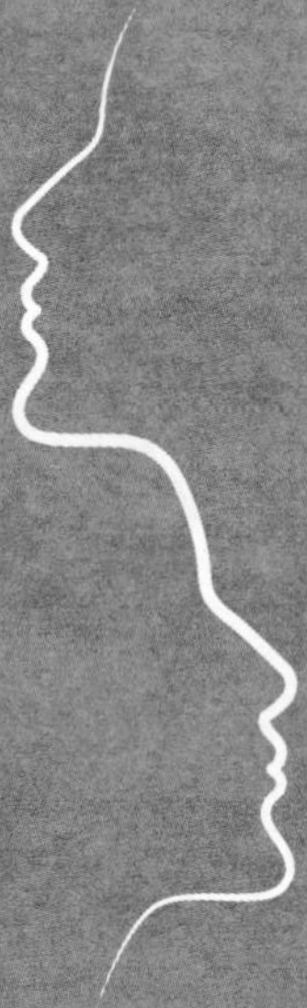

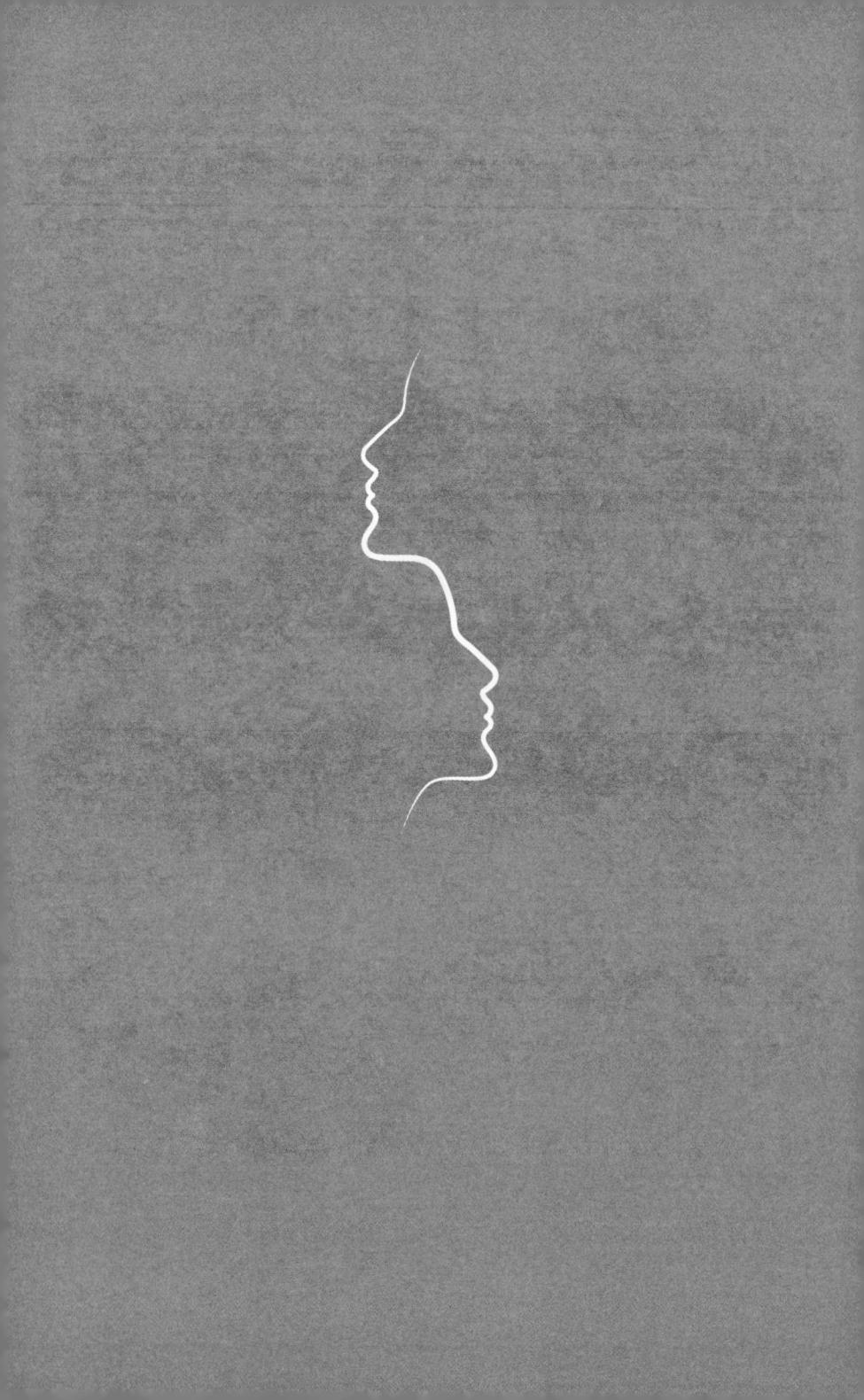

08
请相信我——创造相互信任的环境

　　我们的小儿子特里斯坦总是无所畏惧。朱利安和玛戈特活泼好动，喜欢探险，而他则是个十足的冒险家。在 6 个月大的时候，特里斯坦就能从摇篮里逃出来。

　　特里斯坦刚会爬的时候，他就可以藏在厨房的橱柜里，或者爬上浴室的台面，他甚至会在我转身的时候钻进烘干机。有一次，车库门开启时，特里斯坦抓住了门，随着大门升起，他就挂在门上一同上升，然后在天花板上悬荡！这些可都是他两岁前的所作所为。

　　特里斯坦 6 岁时，只要他不见踪影，我们就得分头寻找。他可能会藏在树顶、房子的屋顶或梯子的最顶层。10 岁时，他开始学习跑酷，这是一项在城市障碍物上奔跑跳跃，同时进行空翻和翻筋斗的运动。

　　别的妈妈会善意地批评我，说我放任特里斯坦做这样的事是多么不负责任,但我知道儿子与生俱来的运动能力,我相信他本能地知道自己什么能做,什么不能做——尽管我有时也很害怕。但现在,我可以很高兴地告诉大家,特里斯坦安然无恙地长大成人了,至少在大多数情况下他是平安无虞的。

事实上,妈妈最艰巨的责任之一就是在保证孩子安全的同时,培养他们独立行事的能力,让他们能够在适当的时候走出家门。

保护所爱之人是妈妈的本能——尤其是对我们抚养长大的孩子——放手似乎有悖常理。但妈妈也明白,要想让孩子成长为独立的个体,总有一天她们需要退后一步,让孩子自己尝试,自己做决定,自己承担风险。尽管母性本能促使妈妈保护孩子,但妈妈也清楚地知道,我们不应该让孩子逃避挑战或失败。

因此,从孩子年幼时开始,我们就放松了管控,逐渐给孩子留出自由成长的空间。在家里,我们允许蹒跚学步的孩子自己挑选服装,对他们的不当穿搭视而不见。我们允许孩子选择自己喜欢的食物。在操场上,我们允许孩子释放自己的体能,并自由选择玩伴。

从孩子幼年起,我们就让他们学会坚持自己的想法,并对自己的决策能力树立信心。最终,他们学会了相信自己的判断,因为他们清楚地知道,如果自己有需要,妈妈一定会在身边提供支持和建议。

一旦孩子升入初中,朋友对他们的影响会很大,并且令人遗憾的是,他们还会受到电视和社交媒体的影响。因此,情况发生了变化。虽然孩子仍然依赖父母满足所有的生活需求，但他们开始挑战父母的判断力。

待到完全成熟的青少年时期，孩子会疏远并孤立父母。这一阶段，亲子之间会产生很严重的信任障碍。孩子会寻求更多的私密空间，但妈妈往往会把情况想象得很糟糕。（根据我的经验，妈妈会想到无限的可能。）

妈妈会试图用外交手段、耐心和自制力来驾驭这个"波涛汹涌的危险阶段"——有的时候很成功，有的时候则不那么顺利。孩子翻白眼的情形十分常见。当青少年向妈妈争取更多的自由时，妈妈必须决定在多大程度上可以相信孩子的判断。

在这段时间里，妈妈必须在过于放任或过于强势之间取得适当的平衡。这里没有什么神奇的公式。妈妈在多大程度上相信孩子的判断力，取决于她对孩子的了解程度。因此，妈妈必须和孩子始终保持畅通的沟通渠道，参与讨论一些平常的话题，并从中获得相关信息。妈妈应该温和地向青少年发问，评估他们的心态，或找出他们可能正在处理的问题。

青少年就像牡蛎——最终都会敞开心扉。任何一位妈妈都知道，要认真倾听，以便了解孩子面临的挑战、做出的决定、所崇拜的人以及他们周围的朋友。妈妈会慢慢地、巧妙地讲授一些智慧的话语或温和的建议，希望能对身处青春期的孩子产生影响。

在这些对话中，妈妈可以收获大量的信息，与孩子实现相互理解，缓解与生俱来的母性焦虑。

在童年时期，孩子偶尔也会有失信于父母的时候——为了想

> "通过看你身边的人,就能知道你是什么样的人。"
> ——卢奇女士致瓦妮莎　巴西米纳斯吉拉斯州伊塔茹巴

方设法摆脱困境,孩子有时会撒个小谎。有一次,我们当场识破了 8 岁的朱利安的谎言。他忘记去郊游需要征得我们的同意,于是试图自己在放行单上伪造签名,以便按时提交。他意识到自己的造假技术实在太差,便在签名旁边滑稽地加上了"匆忙"二字,希望以此逃避嫌疑。我们就信任问题展开了一次深入的讨论,你猜对了,我们把朱利安禁足了,他没能参加郊游。

有些时候,失信的后果可能会更严重。特里斯坦 17 岁那年,有一次我们在深夜接到他打来的电话。他说:"我被警察扣住了,你们得来接我一趟。"

我之前提过,特里斯坦喜欢跑酷,他会抓住一切机会(不是双关语)测试自己的技能。那天晚上,他和两个朋友进入了一个建筑工地,他们注意到那里有一个沙堆,就在即将竣工的两层停车场下方。那里无疑是翻筋斗的绝佳落脚点。

建筑工地没有围栏,但属于私人领地,所以这三个男孩属于非法闯入。有人发现了他们并报了警。

毫无疑问,警察有更重要的事情要处理,只是给这些少年一个教训。所以,起初警察威胁要起诉这三个男孩,把他们吓得魂

> "永远要看到比鼻尖更远的地方。"
>
> ——安娜致安妮克　法国里昂

飞魄散,后来警察提出了一个条件,可以让他们离开,但前提是必须让他们的父母到工地来接。

当我们赶到时,警官慎重地告诉我们,男孩们立即服从了他们的安排,而且在整个过程中都非常尊重他们,这让我们感到安心。

我们向警官表示感谢,默默地驾车回家,并让特里斯坦先回房间,把对峙推迟到第二天早上。我们必须留出时间让自己的怒气消散,因为我们深知情绪激动时不利于教育孩子。

第二天早上,我们心平气和地与特里斯坦讨论了他失信和判断失误造成的后果。首先,他没有遵守最初的约定(和朋友出去吃汉堡)。其次,他和朋友非法进入了一个场所,这可能会造成严重后果。

考虑到佛罗里达州施行《原地防卫法》[1],现场的保安有权当场射杀他们。在黑暗中,人们很容易就会把三个少年和肆意妄为

---

[1] Stand your ground,又译为《不退让法》,美国法律体系中的一种自卫法律,允许个体在面对威胁时无须退让,可以直接使用武力自卫,包括使用致命武力来保护自己或他人免受伤害。——译者注

的劫匪混淆。但这些孩子均未曾考虑过这个风险。

每个妈妈都很清楚，青少年很少会考虑自己的决定将带来何种后果。特里斯坦和他的朋友犯了一个错误，他们没有意识到自己闯入了私人领地，虽然他们没有造成任何破坏，更没有犯罪意图。尽管如此，我们还是惩罚了特里斯坦，让他禁足，他失去了驾驶汽车和外出的权利，除非他能够表现出更好的判断力。这次的错误表明，他还不值得我们给予他如此大的自由，因此他必须重新赢得我们的信任。

我和丹告诉他，我们对他糟糕的判断力非常失望，希望他能吸取教训，重新振作起来。后来他做到了。

回首往事，我们发现自己是何其幸运。虽然这件事本来有可能发生戏剧性的转变，但事实证明，这成了一个绝佳的教学时刻，一个关于诚实、行为后果以及信任的重要性的教学时刻。

如果有人问我，为人母亲教会了我什么，我的答案是信任可以促进亲子关系更加和谐，就像我们与配偶和朋友的关系一样。我发现，信任也是优秀团队合作的核心要素，是任何企业可持续发展的先决条件。

几年前，我为一家公司提供咨询服务。该公司的首席销售员因在业务上冷酷无情而臭名昭著。他是一个自私自利的独行侠，经常流露出对团队其他成员，以及对公司价值观和行为准则的蔑视。他的这种心态在职场并不罕见,即为达目的不择手段。

他这样做的结果是没有人信任他,团队的士气也因他而受到打击。我的建议是将所有事件记录在案,然后辞退此人。但这家公司的领导似乎不太认同我的建议。他感叹道:"我怎么能这样做呢?他是我的头号销售人员。他创造了业绩!"

我解释了这个人是如何影响公司的企业文化的——他污染了其他人的工作环境;此外,他还树立了一个糟糕的榜样,此后必然会有人效仿。即使现在事情还没有恶化,以后也肯定会恶化。

对这种行为视而不见,就像不去修补破损的窗户一样,水会慢慢渗进来,用不了多久,潮湿就会滋生霉菌。企业也是如此。如果不立即纠正这种行为,它很快就会蔓延。

几个月后,这位领导终于忍无可忍解雇了那个人。当我问他生意是否因此受到影响时,他不得不承认:"没有。事实上,销售业绩比以前更好了。"

原来,团队其他人的工作效率都提高了,这在很大程度上弥补了失去头号销售人员的损失。为什么呢?因为这个肆无忌惮的人太不可靠、太不诚实了,有他在,其他团队成员就无法集中精力工作,每天忧心忡忡,互相猜忌。由于士气低落,团队人员流动频繁。

他离开后,团队的每个人都重新集中精力,以最佳的方式完成自己的工作。被损坏的信任渐渐恢复了,整个团队都变得愿意合作。这样一来,士气和业绩都得到了提高。

分享这个故事是为了强调信任与工作效率的直接联系。就像家庭一样,没有信任,企业就无法有效运作。信任会影响每个人的福祉，并最终影响企业的底线。这就是为什么领导者必须尽一切努力创造相互信任的工作环境。要达成这一目标，可以先从以下几方面入手。

建立稳固的关系

第 4 章曾经提到过这一点，如果已有的表达还不够充分的话，那么在这里我要再次强调，一定要有意识地花时间与团队成员相处。在工作之余多多交谈，用心倾听员工在互动中所说的话，即使是看似无关紧要的话。这些话可能对你来说无关紧要，但对员工来说却并非如此。就像青少年一样，他们可能会试探你，然后评估自己要跟你分享多少。

请思考一下：第一次见到某人时，你尚不知道他是否诚实、可靠、聪明、有能力、满怀善意等等，这种认知上的隔阂会让你感到不安吧？

只有经过相互了解，你知晓了对方的能力、风格、优缺点和可靠性之后，才会逐渐信任他。然后，你才可以据此调整自己对他的期望值。（当然，你与他的交往经历也可以成为你不信任他的理由。）

有了信任，良好的沟通才能实现；有了良好的沟通，成员之间就不会相互猜疑，有效的委任也就水到渠成；一旦被委任，团队成员就会感到自己被赋予了权力；有了权力，成员就有了主人翁意识；哪里有主人翁意识，哪里就有动力；有了动力，就有了创造力、冒险精神、解决问题的能力和应变能力，并最终取得成功。

建立良好的人际关系可以促进这种循环，同时可以更加实质性地提高彼此之间相互信任的能力。

促进非正式的团队聚会

一定要鼓励员工在团队内部建立牢固的关系。15分钟的咖啡休息时间也很有意义，在这短暂的时间里，团队成员可以放松身心，增进感情。随着时间的推移，团队成员之间会实现更多的合作。

远程团队也可以通过预定虚拟咖啡时间或欢乐时光来达成这一目的。这类活动可以附带自动提醒功能，以邀请团队成员按时参与。有些企业会采用每日学习会的形式，让团队成员登录并以虚拟方式并肩工作几个小时。员工可以在独立工作的同时随意与他人互动交流。

非结构化的互动往往是宝贵信息的重要来源。作为妈妈，我发现我和孩子们在上下学的车上交流时最愉快。拼车时间为孩子们提供了一个无拘无束的时刻，他们更愿意交谈，不仅是和我，和兄弟姐妹以及朋友之间也是如此。在那段时间里，他们会忘记我的存在，而我只是静静地倾听。

因此，一定要有的放矢、持之以恒地推动团队成员之间的闲聊。这样做迟早会给团队业绩带来回报。

成为值得信赖的领导者

在任何关系中,信任都不是自然而然产生的。你必须努力去争取对方的信任。要成为一个令员工信任的领导者,最可靠的方法就是成为一个值得信赖的人。

如何才能做到这一点?首先你要明白,所有人的目光都集中在你身上,所以你要说到做到,践行你的价值观,保持透明度,解释你的决定背后的原因,始终如一,公平公正。你还要记住员工与你分享的信息,对机密信息保密。在面对事情时不推诿、不否认,要诚实,说真话。换句话说,你需要树立一个团队成员可以效仿的典范。

回到为人母的游戏规则:妈妈要想赢得青少年的信任,就必须做到可靠、公正、平易近人而又不盛气凌人。妈妈必须为孩子提供答案,而非进行说教,必须尊重青少年的隐私,并知道何时介入。妈妈还需要信守承诺,在青少年需要的时候出现在他们身边。妈妈的决定和判断必须始终如一。

"活出让祖先骄傲的人生。"

——幸子女士致悦子女士　日本宫城县石卷市

承担责任，敢于认错

你可能满怀善意，但你也是凡人，难免也会犯错。当你犯错时，你一定要承担责任并道歉。这就是谦逊和示弱。人们期望领导者无所不知、事事正确的时代已经一去不复返了。当你犯错时，承认错误会让你显得更有亲和力。

当团队看到你勇于承认错误时，他们便不再害怕自己犯错了。俗话说得好：宁可相信经常犯错的人，也不要相信从不接受质疑的人。此外，没有什么比看似完美的老板更能抑制员工的主动性和冒险精神了！

尊重每一个人

这里要强调一点，是尊重每一个人。即使那个人不在身边，也要对他表现出尊重。如果你在某人不在的时候对他评头论足——即使是来自不同部门或公司的人——与你同处一室的人也会联想：如果我不在这里，这个人会怎么谈论我？没有比这样做更能削弱信任的了。

共享工作成果

迅速肯定他人的贡献，并给予其应有的褒奖。这体现了公平、诚实和正直。这三点都是道德行为，会为你赢得他人的尊重,并促进相互信任。

信任他人

这一点值得反复强调,那就是必须不辜负团队对你的信任。如果你想赢得团队的信任,你就不得不冒险一试,开始给予合作伙伴和团队成员更多的信任。

有些领导者不愿意把责任和决策权交给他人,因为他们害怕失误和承担后果。

诚然,妈妈也有同样的感受。把一些家务交给年幼的孩子是需要意志力和勇气的。比如,指派孩子洗衣服,可能要面临洗出一堆被染色的衬衫的风险。有时,选择自己动手洗衣服可能更有吸引力(效率也更高)。但是,妈妈明白,如果自己希望把任务长期委托给孩子,就不可避免地需要信任孩子的能力,哪怕是以牺牲完美结果为代价。

职场也是如此。你可能担心犯错会影响你的声誉,或者对你的领导能力造成负面影响。那么,你会怎么做呢?你反复检查,事事插手,越俎代庖,掩盖错误,成为一个类似直升机妈妈[1]般的霸道领导者吗?不,这样的行为只会损害他人对你的信任,团

---

[1] "直升机妈妈"或"直升机父母",是国际上流行的新词语,通常指那些"望子成龙""望女成凤"心切的妈妈或父母,他们就像直升机一样盘旋在孩子的上空,时时刻刻监控孩子的一举一动。——译者注

> "不打碎几个鸡蛋就做不成煎蛋卷。"
>
> ——安娜致安妮克　法国里昂

队也会失去凝聚力,业绩也会受到影响。听着,你不能成为这样的领导者。一定要克服这一点!

想一想:如果信任他人,你可以腾出手来做多少事情啊!委派出去的任务越多,腾出的时间就越多。这样,你就可以专注于更具战略意义的问题,为长期项目做好准备。

顺便提一下,逐步将权力移交给团队的好处在于,他们可以发展工作所需的技能——你猜对了——从而承担更大的责任。你现在正在推动一个循环:信任、委托、发展、重复。保持这样的做法,你的团队成员很快就能在工作上更上一层楼或获得晋升。

授权给员工的过程,也是你逐渐信任他们的能力和判断力的过程。随着时间的推移,给员工分配更重要的任务,循序渐进地提升他们的能力——即使在这过程中你会犯一些错误。你的团队会用信任和更好的表现回报你。

倘若上述种种方法皆不奏效怎么办?如果你已经做出了所有

正确的行为示范，却依旧一无所获，你该怎么办？这可能是因为你的团队存在一些历史遗留问题——有可能与他们和你或其他人之间的经历有关，也可能是基于这些经历萌生的信念——让他们难以信任你。这就是你**无法与他们建立信任的原因**。

我这么说是什么意思？信任需要时间。你无法强迫别人信任你。只有别人才能决定是否信任你，你所能掌控的唯有自己的行为。给别人一些时间，坚持到底。但如果确实无法取得进展，也不要自暴自弃。

面临信任危机时的应对之策

当信任遭到破坏时——这种情况总会发生——你不要置之不理，要积极应对。你首先要稳定情绪，然后思考是否能从这次经历中恢复信任。有时你内心深处知道，无论发生什么，你都无法回头。

多年前在迪士尼工作时，我对店里的销售额下滑和库存的缺失心生疑虑。经过一番调查，我发现一位新晋升的主管不仅从收银机里拿现金，还偷窃存货，放在自己的汽车后备箱里进而转手倒卖。

我怀疑有几名员工知晓这事的原委——如果他们自己不是参与者的话。我和一些安保人员一起私下询问了每一位员工，其中有几位说出了真相。事实证明，除两名员工外，其他员工都卷入了这场偷窃案。有些人承认了偷窃行径，有些人见证了偷窃行为，但因为害怕上司报复而从未举报。

这让我不得不做出抉择：是否应该开除那些积极的参与者，保留那些消极的旁观者呢？毕竟，他们中的大多数人都很年轻，而且刚参加工作不久。主管极易操控这些人。我害怕在旺季解雇几乎整个团队会引发诸多麻烦，除非我可以重新填补空缺职位。

经过反复斟酌，其实也没有考虑太久，最后，我解雇了所有参与偷窃的人，包括那些被动的旁观者。我意识到，我无法与一个我不能完全信任的团队共事。我深信，要是那样的话，我必须时刻留意他们，以确保同样的事情不会再次发生。

鉴于信任已经被破坏，我已经找不到修复的方法。

现在回想起来，我意识到这件事涉及道德问题，因此做出解雇所有相关人员的决定并不艰难。但大多数情况下，信任问题并不那么黑白分明。

无论问题的利害关系如何，最重要的是要考虑失信的长期影响：我们能否忽略这件事？我们今后还能协作或合作吗？考虑之后，你才能决定这段关系是否具有可持续性，是否值得维系。

能否恢复信任，需考虑具体的情况。问问自己，是否对不良的征兆熟视无睹？是否有迹象表明你过快地信任了别人？这种背信弃义的行为是否反映了这个人的性格？

回想特里斯坦深夜与警察相遇的情形，我可以诚实地对以上所有问题做出否定的回答。

这个练习可以帮助你获得正确的观点，防止你仓促下结论或设想最糟糕的情况。你可能会意识到这件事是无意之举，是一个无心之失。然后，思考如何解决这个问题。

你可能会选择一个激进的解决方案，即商业版的"你被禁足了……终身禁足！"。或者，你可能会保守处理，选择继续合作，但暗地里下决心以后不再信任此人。我不知道你的想法，但我自己是永远不愿意在一个充斥着不信任的环境中工作和生活的。

以上两种选择都不会让你感觉更好，也不会让你更接近解决方案，反而会滋生怨恨，使怨念逐渐发酵。因此，请系好"安全带"，与"肇事者"一起解决问题吧。方法如下：

进行一次真诚的对话。向对方解释你为什么会感到被背叛或失望，让违反规则的人知道你对他的信任已经崩塌。

听听背信弃义之人的解释，然后问问自己：这个人是否真的关注彼此之间的信任问题？他理解我的感受吗？这个人是否愿意改变自己的行为？

再次回顾特里斯坦的事件，当我和丹提出以上这些问题时，他显然理解了我们的反应，并对自己的判断失误感到由衷的歉意。这使得我们能够继续下一步，寻觅新的前进方向。

"生命中最重要的事永远是诚实。"

——克利马拉致安妮·玛丽　巴西巴内阿里约坎博里乌

但是，如果感觉到对方不理解你的想法，且对方没有表现出悔意，或者不愿意改变，那就不可能继续下一步了。这可能是一个信号，表明这种失信行为不是环境造成的，而是性格恶劣使然。这种情况或许无法挽回，信任也无法修复。因此，是时候让你的"头号销售员"哪儿凉快哪儿待着去了！

从指手画脚转向解决问题。再次问问自己：今后的工作该如何开展？是否可以通过制订新的规则，让彼此再次建立信任？

双方都必须明白，重新获取信任是一个漫长的过程，而且不能保证你们最后能完全修复信任。但是，消除隔阂，为新的开始打下基础会提高你们再次建立信任的成功率。你们需要一个新的流程、额外的评价标准，以及更频繁地沟通。

至于特里斯坦，他逐渐恢复了自己的"特权"。因为他默默地完成了惩罚，对所有的家务活都能够百分百付出，毫无怨言地完成任务。与此同时，我一直鼓励他，提醒他正在取得进步。

随着我们逐一恢复他的"特权"，特里斯坦积极地遵守新的基本规则，用心与我们沟通，重新赢得了我们无条件的信任。可以肯定的是，他再也不会未经许可进入建筑工地了。

当遭遇信任危机时，你可能会质疑事情是否还能恢复正常。讽刺的是，如果你直面问题，澄清事实，并努力解决问题，双方有可能在修复信任的过程中建立更牢固的关系，这种关系甚至比你想象的还要牢固。

尽管创造一个信任的环境可能会充满挑战，但我发现它的回报十分可贵：相互信任能使领导者更好地通过有效的认可和建设性的反馈来推动团队绩效的提升。

为什么会这样呢？因为员工知道，你是他们的坚实后盾，把他们的最大利益放在心上。这样，无论你对其予以表扬，称其工作出色，还是对其予以指导，助其改进工作，他们都会对你的正面和负面评价抱以好感，并欢迎你提出意见。

在后续的章节中，我们将继续借鉴妈妈的经验。毕竟，她们在表扬和反馈方面具有不可否认的天赋，而且这种与生俱来的才能是无可匹敌的。

09

施以严厉的爱——给予反馈

高中毕业后,我便立下志向,要从事一份可以频繁旅行的工作。我不确定那会是一份什么样的工作,但我对探索世界有着强烈的好奇心。

我深知会说英语能够为我开启很多扇门,于是我利用间隔期[1]搬到北伦敦成为交换生。18个月后,我熟练掌握了标准的英式英语,回到法国搬回父母家,开始了我的本科学习生涯。

我在伦敦的经历在很多方面都令人欣慰,尤其是可以畅享不受父母管束的自由生活。当我重返法国再度开始学生生涯时,我起初没有考虑到自己已经回到父母的屋檐下,在社交生活中仍然

---

[1] 间隔期(gap year):又译为"间隔年",主要是指学生在中学毕业之后、大学入学之前(或者大学期间)暂停学业,进行旅行、实习、志愿服务等活动的一段时间。——译者注

> "能参加派对,就能工作!"
>
> ——赫尔加致克莉丝汀　德国巴特萨尔楚夫伦

保持着在伦敦生活时的独立状态。

一天晚上,几个朋友提议聚餐。我爽快地答应了。

当晚我很晚才回到家,家里一片漆黑,前门从里面闩上了。我以为父母误将我锁在门外了。

我刚一敲门,灯立刻亮了,妈妈打开了门。我还没来得及道歉,她就问道:"你去哪儿了?"

我随口答道:"和朋友出去了。"

"我们一直等着你吃晚饭,但你没回来,"妈妈接着说,"我们很担心你!"

要知道,那时候手机还没有普及,我也没来得及给家里打个电话,告知父母我不回家吃晚饭了。

还没等我充分想清楚,我就不假思索地辩解道:"妈妈,我住在伦敦的时候,你们根本不知道我在哪里!你当时并不担心。怎么回到法国就不同了呢?"

听了我的话,妈妈似乎思索了片刻,然后平静地说:"好吧,你说得没错。不过,如果你把这房子当成旅馆,在没有任何提醒或通知的情况下随意出现,我们将会开始向你收取旅馆的费用。"

谈话陷入了僵局。

我惊呆了。本来我觉得自己理直气壮，但我却没有意识到妈妈已经为我备好了饭菜，摆好了餐桌，推迟了晚饭时间等我回家，为我没有回家的无限种可能感到苦恼，最后坐在沙发上焦心地等待我的归来。

等我回过神来，妈妈已经上床睡觉了，留下我独自一人思忖着这次的教训。35年过去了，我对那个夜晚仍然记忆犹新！

在需要反馈的时候，没有人的意见能比妈妈的更具效用。事实上，如果反馈是一门奥林匹克学科，我敢保证妈妈们一定会成为"梦之队"，让所有人都望尘莫及。因为妈妈总是会毫不含糊地告诉你是非对错。

我敢打赌，你的脑海中一定还回荡着妈妈的一连串指令和建议："你忘了洗手""这身衣服不合适，去换一套""要友善，与他人分享""不要张着嘴咀嚼""慢点，你走得太快了""要未雨绸缪""马上停下来"，等等。这些话听起来像是唠叨，但其实这些指令都是出于好意。

无论我在成长过程中对妈妈的反馈有多么抵触，在我成为一名妈妈后，我就立刻明白了这些反馈出现的原因。妈妈的反馈不是不爱，而是源于爱。所有的妈妈都希望自己的孩子能做得最好。她们为孩子制订了宏伟的计划，并明白孩子的未来取决于他们能否成为全面发展的成年人。因此，当孩子的行为不恰当或不可接受时，她们会毫不含糊地让孩子知道。

因为妈妈无条件地爱孩子，所以妈妈的动机不是评判或谴责,而是改变孩子的行为。

在纠正孩子的行为时,我们要及时反馈。我们不会等到年终总结时才说:"你今年表现不好。看看你做的好事……"

妈妈知道,如果不加以把控,孩子的不良行为将更难改变。**因此,妈妈每一天都为孩子提供辅导和反馈服务**。妈妈通过观察孩子的行为,在孩子成长的过程中不断纠正孩子身上的问题。

这里的关键词是:观察。什么都逃不过妈妈的眼睛。妈妈运用传说中"长在后脑勺上的眼睛"紧紧盯着孩子的一举一动。如果没有清晰地了解事情的全貌,妈妈不会过于相信道听途说。她会等待真相的出现。但请放心,一旦怀疑孩子有不轨行为时,她马上就会将注意力集中在孩子身上!

养育孩子是一项艰巨的任务,而孩子却常常对父母极少抱有或者毫无感激之情……直到多年以后,孩子长大成人。那时,他们才会意识到父母一直以来所做的一切——让他们过上幸福美满的生活,成为一个全面发展、举止得体、懂得尊重他人的成年人。就这样,在偶然的某一天,孩子们可能会让我们知道,他们是多么感激我们教给他们的东西。在那一天,我们终于可以扬眉吐气,点上一杯非常好喝的鸡尾酒——杯子上撑着小纸伞的那种——犒赏一下自己。我们可以沉浸在这一刻,因为这完全是我们应得的!

我知道,我知道。父母也有做得不好的时候。每位妈妈都有这种情况:希望收回一些说过的话。我还从来没见过哪位妈妈未曾遇到这种情况,如果有,那也是寥若晨星。

"妈妈比用一只手干活的贴墙纸工人还忙。"

——艾拉致丁克　美国俄克拉何马州阿德莫尔

你是否说过让自己后悔的话,不管是出于气愤、情绪失控,还是单纯的用词不当?当然,情绪激动时,事情就会失控。在这种情况下,即使内心和头脑都知道该怎么做,但嘴巴就是停不下来。

纠正孩子的行为需要技巧、外交手腕、正确的语气和适当的言辞。但在日常的忙碌与混乱中,妈妈很难理清思路。

尽管最好的办法永远是等待事情冷却下来,但有时我们没有太多时间。有些事情迫在眉睫,我们必须马上解决。

因此,区分不同类型的反馈就显得尤为重要。日常反馈指向生活小事,可以对行为进行适当调整,相当于"行为101"课程[1]。这种反馈不需要冗长的解释或理由,它们是根据实际情况随时发出的指令。

"你等到最后一分钟才准备好,这会让全家人都迟到。"

"离你兄弟远点。他需要集中精力完成作业。"

---

[1] "行为101"课程:在美国,数字"101"是大学课程中普遍使用的介绍性课程编号,用来表示基础入门级课程。——译者注

"如果你拒绝分享玩具,那么今天的游戏就到此为止,我们回家。"

至少,妈妈想表达的意思是这样的。妈妈的每一句话背后都有合理的理由,只不过她并不总是有时间、耐心和自我控制力来解释自己话语背后的原因。因此,从妈妈口中说出的话往往听起来是气急败坏的,比如:

"快点,我们要迟到了!"

"离他远点!"

"表现好一点!"

"行为 101"课程通常讨论的都是琐碎的事情。重要的问题则需要更有针对性的对话,也就是需要进阶为"行为 201"。随着孩子们的成长,父母给予孩子的"行为 101"式教育越来越少,同时,"行为 201"式教育会越来越多。

妈妈给 15 岁孩子的反馈意见当然与给 5 岁孩子的意见不同。在十几岁的时候,妈妈必须教孩子学习更多微妙的行为表达。比如,关心他人和重视他人的感受,培养优雅的社交技能,感知周围人的情绪与态度,以及合理调节自己的反应。

青少年并不总是乐于接受反馈——这么说其实是轻描淡写了,而妈妈也明白,自己能对孩子指手画脚的阶段已经过去了。现在,妈妈能做的主要是潜移默化地影响他们。

因此,妈妈会采用更为谨慎的方法,并遵循一些简单的互动规则:寻找合适的时间和地点,让反馈更见成效;不在公共场合发表反馈意见;解释原因;观察孩子的反应。

妈妈会遭到反击吗？当然会。青少年会推卸和否认责任吗？当然会。因此，还有一条重要规则：妈妈要确保在"谈话"前收集所有事实，并掌握充分的理由。

妈妈还要提供切实可行的建议。因为青少年需要的是如何改进的指导，以及自己能够扭转局面的信心。妈妈还需要让孩子知道，犯错和生长突增、成长痛一样，都是成长的一部分。

妈妈并不期望完美。因为妈妈明白，失败是件好事，逆境能锻造品格。妈妈提供反馈，然后退后一步，让青少年将教训内化为自身认知并改变自己的行为。

最终，多年的悉心教导终会获得回报，青少年会逐渐体会到妈妈的指导的价值。

即使成年后，孩子也会继续向妈妈请教。他们有时会依赖妈妈来帮助自己克服盲点或处理微妙的情况。这就是"行为 301"式教育。这就好比提升技能，是帮助成年子女成为最好的自己的一种方式。

无论在什么情况下，向孩子提供反馈都不一定能够即刻获得

"尽你所能，这就是我唯一的要求。"

——苏致梅格　南非开普敦

妈妈期望的结果。但如果有一件事妈妈可以完全肯定的话，那一定是只要坚持不懈就能说服孩子，并最终改变其行为。

在领导者的所有职责中，给予反馈是我们最常回避的一件事。我们害怕给别人反馈有几个原因：不知道如何反馈；害怕别人面对反馈的反应；害怕自己一旦没有掌握所有的事实，会感到尴尬；或者太在乎别人，害怕伤害别人的感情。有时，我们甚至不确定自己是否设定了正确的预期目标。（如果确实是这个原因，请参考第 6 章）。

通过借鉴妈妈的做法，上述许多惧怕反馈的理由都可以避免。以下几条经验与法则可以帮助你药到病除。

保持私密性

在接受指导的时候，没有人愿意有观众在旁观——儿童不愿意，青少年不愿意，专业人士当然也不愿意。年轻时，作为一名领导者，我也曾陷入困境。有一次，出于权宜之计，我在不合时宜的时候说错了话。结果，我给出的反馈不仅石沉大海，我还因此丧失了作为领导者的威信。所以，在说一些不合时宜、令人遗憾的话之前，请先从 1 数到 10。

反馈之前一定要观察

在对别人的行为提供反馈之前，先对他的行为进行评估。你亲自观察到他的这种行为了吗？如果没有，那就放手吧。每个妈妈都知道，不要听信兄弟姐妹的絮叨。在职场也是如此，只对你知道的真实行为提供反馈，而不是基于办公室的流言蜚语对某人妄下结论。你需要全面了解情况，避免根据道听途说作出假设或妄加判断。你可以把它看作是"找出真相"，而不仅仅是反馈。

当面反馈

面对面交谈会增加语气、意图和肢体语言的表达，没有任何掩饰的余地。此外，你还可以实时评估对方的反应，是失去理智，还是有所控制？他们是为自己的行为负责，还是否认和转移话题，或是防御性的反驳？你还要注意对方的肢体语言。当面反馈可以让你了解对方是否愿意改进。

及时反馈

在每个相关人员都非常重视某件事的时候，你一定要马上提供反馈。等待的时间越长，问题就越难解决，事实也就越模糊。因为在艰难的等待中，你很可能会把球踢到场外，推迟对话，并希望它成为一个无关紧要的问题，或者合理化地认为下次再发生这种情况时再解决它。不要等待。做吧。现在就做！

不合规的行为有传染性，并且传染的速度很快。如果不及时纠正，不仅其他人会有样学样，你作为领导者的威信也会慢慢丧失。

在迪士尼工作时我发现，如果不时刻警惕，积极地立即纠正哪怕是轻微的违规行为，员工们就会逐渐无视仪容规范。

因此，我练就了一双"鹰眼"，专门盯着忘记佩戴的名牌、过大的首饰、蓬乱的发型和狂野的美甲。如果一个人违反了规定，其他人也会跟着违反规定。如果我一直观望，不立即处理"肇事者"，其他人就会质问我为什么放任他们"逍遥法外"。如果不立即处理第一个违规者，我又如何证明自己有理由指导第二个、第三个或第四个违规者呢？

如果你想放弃反馈，你不妨问问自己：我在害怕什么？怕对方不干？如果是这样，你可以提醒自己换一种思路：如果我不纠正他们的行为，他们会留下来吗？这样你就有了坚持下去的动力。

重温预期目标

在向对方提供反馈前，你一定要再次认真评估。问题是否一目了然？如果是，你就按照"行为101"的思路进行思考：指出问题所在，提供解决方案。这类行为案例通常与技术或技能有关，问题直观明了。

"不要把时间浪费在后悔上。站起来,吸取教训,挺起身,继续走下去。"

——玛丽亚·卡洛塔致雷纳　乌拉圭蒙得维的亚

因此,不要拐弯抹角,只需陈述事实,同时让团队成员清楚地知道你对未来的期望。最后,以鼓励的话结束谈话,让团队知道你对他们扭转局面的能力有信心。简短而温馨。

但是,如果问题比较主观,涉及一些灰色地带或敏感问题,你就要特别注意表达方式。这时就要运用"行为201"的内容,让团队成员有机会自己找出错误。例如,陈述你注意到的情况:

"看来你没有为这次会议做好准备。你同意吗?"

"在推出这项新举措的过程中,你似乎不愿意与同事合作和沟通。有什么我应该知道的吗?"

之后,你可以提一个比较平和的后续问题,比如,"如果可以回到过去,你会以不同的方式处理这件事吗?"团队成员的回答会让你知道,他们是否真的有意愿改变自己的行为。如果他们提供的解决方案不符合你的标准,你可能需要让他们重新参考你为团队制订的预期目标。

提供建设性的反馈

给团队成员一个回应的机会后,你要向他们强调,他们的行为对他们自己、对你及对团队的影响。我们每个人都有盲点,相互反馈可以提高彼此的自我意识。向团队成员提供建议和意见,并明确表示你希望得到积极的结果。

如果反馈是建设性的,没有主观陈述或以偏概全,大多数人都会做出积极反应。但是,绝对不能把反馈当作是对别人个性特征的描述,因为这很容易让人产生抵触情绪。

对别人做出好的假设

作为领导者,一定要假定你面对的是一个好人,他只是做出了错误判断。**坏人和只是表现不佳的人之间天差地别。**

伟大的妈妈懂得其中的细微之处。她知道不能对孩子说"你很粗鲁"或"你很粗心"。相反,她会说:"你的回答很粗鲁"或

"要相信世上没有绝对的坏人……只有没有接受过良好教育的人。"

——泰雷兹致伊莉斯 法国盖拉德堡

"你看起来很粗心"。前者传达的是一种持久的状态,而后者则将行为孤立于某一时刻,这就为改进留下了余地。

让员工推动改进的进程

谈到改进,作为领导者,你的职责就是帮助团队扭转局面。必要时,你要对解决方案、工具或资源给出建议,**但最终要由团队成员拟订行动计划**,要由他们来决定自己改变现状所需采取的行动。然后,让他们担负自己的责任,他们行为的改变不应取决于你作为领导者是否为其额外付出。

可以类比一下:当孩子每天早上上学都迟到时,妈妈有两个选择:第一个选择是自己早早起床,为孩子准备好衣服、书包和早餐,反复催促他们,监督他们的一举一动,以便让他们准时出门——这样做诚然可行,但妈妈要为此付出代价,而且这种方式难以持续。

第二个选择妈妈都知道,是建议孩子在前一天晚上把衣服叠好,并将起床时间提前,吃一顿外带早餐,然后顺其自然——即使这意味着他们可能穿着不配套的衣服、蓬头垢面或饥肠辘辘地去上学。他们甚至可能会遗漏部分家庭作业、午餐盒或运动包——但对学习组织技能来说,这只是微不足道的代价。

让员工直面后果

有时,承担自己的行为带来的后果,会给人留下难以忘怀的教训。朱利安上五年级时,一个星期五,他的老师给我发了一条信息,说他没有提交一份重要的作业。老师解释说,她不想让朱利安不及格。毫无疑问,这是因为朱利安平时表现不错,她说她会把截止日期延长到星期一,前提是朱利安必须在当天早上第一时间交作业。

我马上给这位老师打电话,恳请她直接给朱利安判不及格。这一请求让她大吃一惊,她指出,大多数家长都不喜欢老师给孩子判不及格。但我坚持认为,朱利安应该学会承担责任,所以老师才勉强答应了。

虽然朱利安那个学期的平均成绩受到了很大的影响,但他得到了深刻的教训。从那时起,他必定按时上交所有作业。(或者至少是大多数作业……)

尽管直面问题和给出反馈可能会让人感到不舒服,但你必须明确指出,如果有人没有达到你对团队的期望,可能引发的后果是什么。更重要的是,你必须对你的决定坚持到底。

做好承受执行上述决策后果的准备。另外,你需要至少拿出几天或几周的时间观察你的团队成员,然后进行反馈交流。与成员谈话结束时,你一定要表扬他的明显变化,但如果恶劣行为仍在继续,则必须施行纪律处分。

事实上,如果本着尊重的态度并以事实为依据,反馈可以成为一记警钟,引导人们表现得更为出色。

至于那天晚上我没告诉父母我不回家吃晚饭的事,妈妈很清楚地告诉了我这样做要承担的后果。毫无疑问,她一定会对此坚持到底。因此，从那天起，只要我与父母住在一起，我就从未忘记随时汇报自己的行踪。当然这也意味着我不用支付房租了。妈妈给我的教训既难忘又无价。

在我的生活和职业生涯中，我记得每一个坦诚地给予我建设性反馈意见的人，以及与他们的每一次相遇。尽管这些经历偶尔会刺痛我，但我由衷感谢他们赐予我的珍贵礼物。

就我个人而言，我从来不喜欢长期监督我的团队或我的孩子，但这又是不得不做的。俗话说，如果你承受不了热锅，那就离开厨房……换句话说，如果你不愿意提出反馈意见，你就没有担任领导职务的资格。

幸运的是，还有令人愉快的任务在等着你。反馈错误的另一面是认可——这是我们每个人都心向往之、永不厌倦的东西，也是促进绩效提升、推动团队走向辉煌的关键要素。

10
干得好——奖励与认可

我的父亲维克多出生于一个低收入家庭,在他的家庭里,很少有人夸奖他,孩子们从小就被要求努力学习,同时需要协助操持家务。14岁以后,孩子们还需要从事副业来补贴家用。但这些都不值得表扬或认可,只因孩子的这些行为都被视为他们应该做的。

因此,父亲是个少言寡语的人,表扬别人对他来说并非易事。当我提前一年高中毕业时,我迫不及待地赶回家告诉父母这个消息。爸爸只说了一句"这是为你自己好"。

虽然父亲的行为并没有错,但他没有对我的成就表现出任何自豪感,这让我很失望。对我来说,这本应是一个历经艰辛终获成功的时刻。很快,妈妈为我填补了这份情感空缺。她为我感到高兴,并把这件事告知了所有愿意倾听的人。

妈妈比任何人都更了解孩子对认可和表扬的需求。她们有一

"永远做美丽的自己。"

——吉尔致阿丽斯　美国洛杉矶新奥尔良

种与生俱来的能力，能让孩子感到自己至关重要、备受欣赏和被关爱。从妈妈第一次把孩子抱在怀里的那一刻起，她就会不断表达对孩子的肯定和认可。这可以培养孩子的安全感和归属感，尤其是对年幼的孩子而言。

除了这些爱意的表达，妈妈还经常对孩子的行为表示赞赏。妈妈本能地懂得表扬和认可对建立孩子的自尊心有多大帮助。因此，她们会把这一点放在首位，日复一日地给予孩子爱的评价、赞美和鼓励。

不过，即使是好事有时也会过犹不及。在我目睹了美国人的育儿方式，并将其与我在法国的经历进行比较后，我意识到了这一点。请听我详述。

法国父母很少表扬孩子，而美国父母则把表扬当作"兴奋剂"，他们会自发地、慷慨地给予孩子各种表扬——欢呼、击掌，甚至奖励。

在美国，孩子在父母眼里仿若皇室贵族一样尊贵。孩子的每一项成就、每一个里程碑——无论多么微小——都要庆祝，孩子每次都会得到应有的欢呼、赞美、褒奖、记录和分享，仿佛要让全世界都为之惊叹，比如："看！这是他第一次翻身""第一次说话""第一次走路""他长牙了"……

然后是孩子学校学习过程中的各个里程碑。在法国，孩子们只有高中和大学的正式毕业典礼。而美国则不同。在这里，孩子们在幼儿园和初中毕业时也要举行毕业典礼。每次毕业都要庆祝。

在美国，养育孩子似乎意味着我们要始终捧着孩子，不断地赞美他们的成就。

当孩子在体育方面取得好成绩时，那又是另一番庆祝景象。我经常观看足球比赛，我看到有些家长为了庆祝孩子的成绩和能力，不厌其烦地说着各种溢美之词。更有甚者，每个队员似乎都有奖杯，因为"人人都是赢家"。

听我这么说，你或许会觉得我要么在夸大其词，要么就是愤世嫉俗，对吗？别误会。我诚心诚意地相信认可和赞美的力量。我承认，在移居美国之后，没过多久我也加入了赞美的行列。毕竟，我不想让我的孩子觉得自己不受重视。但实际上，父母经常的、毫无缘由的表扬和认可，最终会淹没对孩子来说真正重要的东西。

诚然，鼓励孩子对建立他们的自尊至关重要。但是，如果孩子觉得这种鼓励是廉价的或虚伪的，或者如果我们让他们相信他们不会犯错，那就危险了。

想象一下，一群在赞美和恭维中长大的人，带着膨胀的自尊心和自我良好的感觉步入职场。再想象一下，要是他们在第一次任务甚至第一份工作中就遭遇了失败怎么办？这对他们来说是一个多么巨大的打击呀，尤其是这个时候，他们的妈妈很可能不在身边。

真相和负面反馈都是痛苦的。如果你从未被告知你有时并没有达到预期，有时你做得不够好，有时你失败了……那么突如其来的负面反馈就会更加残酷。但这都很正常，因为这是生活的一部分。

那么，妈妈要如何让孩子做好准备面对这一现实呢？答案是把表扬的重点放在努力的过程，而不是结果上。优秀的妈妈关注的是让孩子努力尝试，在完成任务的过程中付出努力，即使失败了，也要敢于再度尝试。

优秀的妈妈会关注孩子的积极性，引导孩子做正确的事；关注孩子是否坚韧、有智谋，培养孩子自己解决问题的能力；关注孩子是否从失败中吸取教训，并有能力为下一次任务制订更好的方案。妈妈知道，这些技能和行为将在孩子的一生中发挥重要作用。

每当看到孩子展现出努力的一面时，妈妈都会强化和肯定这些行为。这正是进行表扬的良好契机，妈妈会说：

"这个任务你做得非常努力。干得好！"

"你没有放弃，独立完成了这些数学题。干得好！"

"你所有的练习都会有所回报。你从未放弃。我为你感到骄傲。"

看到了吗？表扬强调的是努力的过程，而不是结果。

当孩子具体理解了什么行为会得到表扬时，他就会重复这种行为。是的，表扬会让孩子感觉良好。但这只是表扬的"结果"，而不是"目的"。

妈妈明白，自己的满意度不应该成为孩子衡量自己成就的标准。

妈妈也知道，当表扬以"你"而不是"我"开头时，达到的效果才更好。

"你克服压力做出了正确的决定"，而不是"我为你克服压力、做出正确决定感到骄傲"。

"你在遇到困难时表现出了坚韧不拔的精神"，而不是"我对你坚韧不拔的表现印象深刻"。

自尊心不会因为表扬而增强。当孩子看到自己的进步，看到自己有能力、有价值并能给别人带来积极影响时，他的自尊心才会增强。

优秀的妈妈会告诉孩子他们做的哪些事是好事，并给予他们适度的表扬。妈妈只有在孩子做出大的成就时才会对孩子大肆赞扬，只有这样，表扬才具有可信度和积极意义。（也就是说，抱

"我爱你有多深？像大海那么深！搂着脖子吻你、抱你！"
——卡门致玛丽　美国佛罗里达州奥兰多

歉，孩子，摆好饭桌可无法获得奖章或掌声！）

根据孩子所取得的成就，妈妈会相应地**调整表扬方式**，并且总是将表扬与**具体的行为联系在一起**。

如果我们在给予鼓励时考虑到这一切，孩子就会表现出正确的行为。这不是因为他们不得不这样做，而是因为他们意识到这样做是正确的。

每个人都害怕自己对他人来说是无关紧要的，人们都希望自己举足轻重。如果你问一个无家可归的人什么最让他困扰，他可能会告诉你，不是贫穷，而是感觉自己被边缘化，对社会和他人来说不重要。在企业中也是如此。人们期望拥有归属感，渴望知晓自己的重要性、自己的有效贡献以及自己所发挥的作用。

作为领导者，你的职责就是确保你的团队成员知晓自身的重要性。为了做到这一点，最好的方法莫过于在他们成功完成某项工作时表示赞赏。

正如妈妈会经常对孩子说一些肯定和赞赏的话语，企业的领导者也需要对团队成员和合作伙伴表达爱意和欣赏。

人们很少在工作场所谈论爱，但优秀的领导者会关心、支持、培养、信任和关注团队成员，这些都是爱的表现。这种行为传达的信息是，相比工作表现，领导者更加重视员工个人。

顺便说一句，**扶持和关爱别人并不意味着你软弱**。事实恰恰

> "善待他人，照顾他人，你将会得到十倍的回报，因为人们会记住这一点，胜过你所承担的任何责任。"
>
> ——莎伦致珍娜　美国佛罗里达州奥兰多

相反。只有强大而自信的人才会对别人表达关爱和同情。这是人道主义思想的体现。

在商业世界中，一定要学会表达爱，而不是回避它。具体的方法如下。

真诚地对别人表达肯定

无论团队成员的职责大小，都要让他们知道你很重视他们，他们的贡献对团队的成功至关重要。

不要含糊其词。准确概述团队成员对企业最终成果的影响，向成员展示他们的贡献如何与团队提供的整体产品或服务相匹配，从而提升他们的贡献的重要性。更好的办法是，将这一部分作为他们入职培训的基础。成员一旦加入团队，就要让他们知道自己的角色对组织的成功极为重要。

但不要止步于入职培训。自发地、经常性地表扬取得成功的团队成员，但也不要过火。就像孩子们远远地就能嗅到敷衍或不真诚的味道一样，你的团队成员也是如此。

通过具体而真诚的肯定，你可以培养团队成员的安全感和归属感，并向他们传达出一个信息，即团队成员与组织中的其他人一样，都是企业的宝贵财富。这对你来说可能不算什么，但主动的赞美对团队成员来说意义重大。

明确具体期望行为

在给予团队成员表扬和认可时，你应将重点放在他们的具体行为上。你不仅要表扬，还要强化这些行为。因为一个人无论是5岁还是45岁，只要有人认可和欣赏他的行为，他就会重复这种行为。

我们住在奥兰多时，戈尔迪医生是我们的儿童牙齿矫正专家，此人深谙此道。他的诊所会向刷牙刷得好的孩子和准时赴约的孩子发放代币。孩子可以用代币换取奖品，从简单的小饰品到电影票不等。获奖者的名字会出现在公告板上，让所有人都能看到。

因此，我们的孩子不仅认真刷牙——这本身就是一个奇迹——而且还会缠着我带他们准时赴约看牙。就是这样！确定你想要的结果，并认可适当的行为。

在职业环境中也是如此。当你注意到成员的某件事情做得很好时，你就给予他肯定和奖励。如果你想让这种行为成为惯例，你就要强调这种行为，并向团队传达"做什么""谁来做"和"如

> "如果女儿想多吃西蓝花,我一定不会抱怨。"
>
> ——玛丽莎致瓦内萨　加拿大蒙特利尔

何做"等信息,**描述具体情况、行为和结果**。只有做到这一点,你才会生动地描绘出什么是优秀的行为。这样做的结果是,不仅得到表扬的人会准确理解他们做对了什么,其他人也会明白。这样,正确的行为就会被大家效仿。

这种方法对我的孩子们很有效。玛戈特 7 岁时,我表扬她床铺整理得很好,这时比她小 3 岁的特里斯坦也冲进自己的房间,把被子和床单一大团一大团地堆在床头,希望得到类似的表扬。虽然他的结果无疑是乱糟糟的,但我们看到了他的努力,还是表扬了他。(美国式的育儿方式似乎已经感染了我。)

同样,当你看到某个人将某件事做得很好时,你一定要把它传播出去。利用这个榜样,鼓励团队其他成员效仿。

没有每个人都适用的方案

团队里的每个成员都个性鲜明。因此,你要找出适合每个人的管理方法。根据我的育儿手册,每个孩子都需要不同的教育方法:有的孩子需要公开的肯定,有的孩子则羞于面对聚光灯,有些孩子则需要亲昵的肢体表现。而另一些孩子，尤其是十几岁的男孩，一想到亲昵就会退缩！

有些孩子对善意的举动反应积极，有些孩子则不愿意被打扰，反感别人对他们个人世界的丝毫侵犯。年幼的孩子希望得到关注和高质量的陪伴，青少年则非常珍惜他们的自由，更希望父母能给予他们更多的独立空间，以此来表示对他们的认可。

以上方法在很大程度上也适用于你的团队。每个人都有自己的价值观，因此，要注意团队成员给出的暗示，包括言语的和非言语的，找出每个员工最看重的东西。最好的办法是亲自问问他们。

有些人可能乐于成为焦点；有些人则不喜欢站到台前——即使是正面的；有些人宁愿接受高质量的一对一交流，也不愿意在公开场合被表扬；有些人只需要赞赏的话语；有些人则不喜欢口头表扬，而是更希望领导者通过金钱的奖励来表达对他们工作的认可。

给予物质奖励

现在我们谈一谈另一个问题：送礼和金钱补偿。在什么时间、什么地点赠送礼品和金钱补偿是有讲究的，但我们往往严重高估了其长期影响。

别误会我的意思。我们都喜欢赚更多的钱，也都在为这个目标努力。对有些人来说，工资只能勉强满足基本需求，有时甚至

"月光"。但是，一旦一个人的基本生活需求能够得到满足，加薪或奖金对他的长期影响就非常有限了。

想想圣诞节的早晨，当你给孩子们赠送礼物时，他们的幸福指数很高。但是，当你把家里的包装纸都清理干净时，孩子们的兴奋劲儿已经过去了。第二天，新玩具仍然是抢手货，但前一天的兴奋已经退去。三天后，玩具已经成了家庭生活的一部分，欢愉结束了，孩子们又开始觊觎下一样东西。

加薪或奖金的影响与之类似。我们不可避免地会根据新的薪酬水平调整支出，但这种满足感很快就会消失，因为总有新的"玩具"或新的"闪亮物品"出现。随着时间的推移，加薪会成为一个遥远的记忆，被更多的欲望冲淡了。

要想获得持续的满足感，除了金钱报酬，**还要为团队成员提供强烈的参与感**。强调他们的贡献对项目和整个公司的重要性。

简单即真诚

即使非常了解表扬和认可的重要性，我们仍然常常把它放在工作的次要位置。因为我们似乎总有更紧迫的事情需要优先考虑。一些领导者往往将自己局限于过于结构化和形式化的表彰计划，如评出"本月最佳员工"，然后就认为自己的工作已经完成。

这种表彰计划经常被人嘲笑，因为它们缺乏自发性，甚至会显得虚伪。因此，我认为最有效的表彰方式是每天以口头或书面形式表达简单的感谢。这也是最真诚的。

感谢您对本项目的贡献。您是团队取得成功的重要力量。就是这样,不必过于复杂。

请记住,人们真正渴望的是爱,是紧密的联系和共同的目标。在一个企业中,所有这些简单的表彰都会转化为归属感、参与感和成就感,并让你的团队成员对你产生好感。作为领导者,你的职责就是培养这种好感,让员工保持忠诚度、参与度和积极性。如果你对此存疑,请记住,绝对不会有人说"已经够多了,我得到的表彰太多了,我受不了了"。

表彰与反馈一样,需要用心。两者都是企业文化的重中之重,同样,这也是领导者的重要责任。

与团队成员沟通时要有目的性,要经过深思熟虑,还要带着良好的意图,通过最合适的流程和最佳的方式进行交流。除此之外,一定要把表彰和反馈纳入沟通范围,只有这样,它们才能产生应有的重要作用。

11
你能听到我说话吗——如何进行有效交流

如果让妈妈说出自己最大的烦恼,我敢打赌,沟通问题一定名列前茅,因为妈妈经常会觉得自己在对着空气或对着一堵墙说话。

尽管如此,世世代代的妈妈还是成功地将指令、建议、见解和智慧传授给了自己的孩子。她们是怎么做到的?答案就是成为一个垂钓高手。请听我详述。

首先,妈妈会针对不同的"鱼"使用不同的"钓鱼"方式。换句话说,妈妈了解自己的受众。她们明白,跟一个5岁的孩子说话,就不能使用对青少年或者对丈夫说话的方式(尽管对后者该使用什么样的说话方式尚值得商榷)。妈妈为每个孩子量身定制要传达的信息,确保孩子成功接收到信息。妈妈知道,孩子们的个性各有不同,会以自己的方式做出反应。

在与孩子沟通的过程中,我学会了关注每个孩子对不同沟通方式的反应。朱利安经常不回应我的信息，但几周甚至几个月后，他却能逐字逐句地引用我的话。如果他不同意我的说法，就会与我展开公开辩论，争论自己观点的必要性、准确性或合理性。朱利安是"挑战者"型，所以我必须做好充分准备与他进行激烈的讨论。

不同的是，玛戈特会问无数个问题，因为她觉得掌握细节很重要。她不喜欢惊喜或模糊的信息。她必须知道为什么、做什么、怎么做、什么时候做。玛戈特是"细节控"型，我必须等到掌握了所有信息后再与她交流。

至于特里斯坦，他几乎不会回应口头交流的要求，而是乐于随波逐流。他是"观察者"型。面对新事物，他必须目睹或亲身经历，才能将其内化、学习或保留下来。跟他交流，重复和耐心是关键。

妈妈不仅要根据孩子的个性来定制要传达的信息，还要考虑传达的时机。孩子有不愿意接受教育的时候，也有过于情绪化的时候。妈妈会等待适当的时机，以确保信息能够送达"目的地"，就像垂钓者避开大风天气才能增加成功的机会，妈妈清楚地知道，等待平静的水面会让人更容易注意到鱼儿何时上钩。

妈妈还会考虑地点。每个妈妈都有一个最喜欢的"垂钓点"，在那里她们可以放心地传递信息。这个地方可能是她们和青少年一起乘车回家的路上，也可能是她们在晚上给孩子盖被子时孩子的卧室。

如果鱼儿不上钩，妈妈则会采用逆反心理来诱鱼上钩。这样做的目的不是欺骗，而是为了给孩子提供一个选择。这与权威的"不听我的就滚蛋"大相径庭。可以这样"诱导"："你不想吃晚饭？没事，那就该睡觉了""你不想分享你的玩具？没问题。那我们的游戏日到此为止吧"。

面对挑衅的青少年，妈妈有时会选择这样说，"我不能强迫你这么做。你自己决定什么对你最好吧"。这实际上是把青少年放在了驾驶员的位置，把对话转向了他们最渴望的自主权。妈妈明白，沟通是双向的，需要以语言回应、行动或行为改变的形式做出反应。这可以即时产生效果，也可能需要更多的耐心。毕竟，很少会一抛线就有鱼上钩。

因此，妈妈的眼睛会一直盯着"鱼线"，观察"鱼儿"的反应。当妈妈感觉彼此之间通信"线路"畅通时，她们就会收起"鱼线"，静下心来，认真倾听。

我们身边有太多让人分心的东西，因此很容易错失良机。鱼线上的轻微拉扯可能很难察觉，如果不留心的话，你完全可能错过。

或者，当感觉到线的另一端有拉扯力时，你可能会有一个下意识的反应，并立即参与进来。但妈妈和垂钓高手一样，明白现在还不是时候，应该暂停一下让"鱼儿"来找自己。妈妈会停下来，先观察和倾听，然后再发言。

这一点在处理关键问题或指导做出可能产生重大影响的决定时尤为重要。在这种情况下，孩子需要有时间来消化信息，彻底理解其含义，并整理思绪。

最终，信息会到达妈妈想要的目的地。"鱼儿"可能会咬住鱼线，而妈妈还需要轻轻一拽，但是这时，妈妈一定要谨慎行事，尤其是在与青少年打交道时。记住，"鱼儿"还没有上钩……还没有。

妈妈知道钓鱼不能收线太快，因为这样可能会把鱼钩直接从鱼嘴里拉出来，或者鱼线断裂，鱼儿就会带着鱼钩、钓具和鱼饵游走。相反，妈妈可以先放一点鱼线，然后稳步收线，再放手，再收线。这样，鱼儿就会疲惫不堪。锲而不舍才是游戏成功的秘诀。

成功钓到鱼需要耐心和重复。妈妈知道，保持平稳和坚持不懈才能取得最佳效果。最终，她们会得到自己期望的结果。

我不是垂钓高手，但作为妈妈，我明白这个基本原则：如果你清楚地知道钓鱼的最佳地点、最佳时机以及钓鱼的方法，你就能钓到大鱼，取得成功。任何需要有效沟通的情况也是如此。

当今时代，我们大部分时间都花在通信工具上，你可能以为自己已经是十足的交流专家了。但事实恰恰相反！虽然手机和互联网的普及让沟通变得更快、更容易了，但它无法提高信息的质量。这并不是说领导者传达的信息都质量不高，只是因为人们接触的信息太多了，削弱了这些信息的影响力。

因此，你面临着严峻的两难境地。你必须确保通信畅通，同时又不能让你们之间的信息受到过多干扰。

讽刺的是，每份工作都将"卓越的沟通技巧"列为必备条件，但很少有人或组织能描述出"沟通技巧"是什么样子的。为什么呢？因为这取决于语境、时机、信息传递者、受众、信息本身以及环境。

面对如此多的变数，领导者就必须像妈妈一样，有目的、有条理地开展工作。

传达信息要有针对性

有时，你可能会广撒网，在全公司范围内发布信息，生怕漏掉某个人。但这样做的结果是邮箱收件量爆棚，团队成员不堪重负，大量重要邮件被淹没，更不用说阅读了。这种现象在有许多跨职能项目的大型组织中尤为明显。

用垂钓者打比方，想想你要垂钓的鱼。转换视角，设身处地地为团队成员着想，确定与他们打交道的最佳方式。

由于你的团队成员会对不同的"诱饵"产生反应，所以你要问自己：我应该选择什么样的方式来逐个接触他们？是简单的备忘录？面对面谈话？团队会议？全体会议？他们需要什么程度的细节和频率？我必须亲自传达信息吗？

迫于时间压力，我们往往会选择对自己最方便或最快捷的方式，但这些方式并不一定有效。

建立沟通的步骤和程式，就像处理其他工作的过程一样。当**你执行特定的沟通计划时，你一定要勤于运用沟通程式**。一些领导者经常会在沟通过程中"偷工减料",跳过几个步骤,因为他们有权这样做。但是,这样做会给团队成员带来混乱和挫败感。在企业中,最好的做法是运用商定的渠道和沟通程序。

创建信息中心

某些情况下,我发现一种传递信息的有效方法是将受众范围缩小到少数几个员工,然后指派他们负责向自己的团队传达最新信息。

我把这样一个小组看作领导者与员工之间的沟通枢纽,将所有信息集中在这里,再由这个小组的人向其他同事或部门汇报。小组成员不必是部门或项目的负责人。事实上,这项工作非常适合那些准备升职的、有前途的员工。

每当我以这种方式传达信息时,我都可以轻松地确认信息是否送达到目标受众那里,因为我只要询问站在接收线末端的团队成员是否收到即可。如果信息没有传达给正确的人,或者被歪曲了,我可以在问题出现之前将其指出来。

将沟通职责下放还有利于创建信任的工作环境、促进合作、培养所选团队成员,更不用说领导者还可以腾出更多宝贵的时间。

拒绝无效会议

有多少次你在开会时会想:我为什么会在这里?难道就没有

比再开一次会更有效的传达信息的方法？

如果你发现自己总是在闲聊、偏离主题、处理与半数与会者无关的细枝末节、喋喋不休，或者更糟糕的是，与会者都在埋头玩手机和处理其他事情，那你就别再怀疑了，这些都是无效会议的"症状"。这种慢性"病"发病缓慢，但随着时间的推移，"症状"会越来越严重。

大型企业尤其容易死于会议"病"。如果会议中没有辩论，没有有价值的讨论或决策，会议结束时也没有做出大家都能理解的决定或行动计划，那么这种会议可能就不值得你花时间。

很多时候，我们不愿意终止这些"僵尸"会议，因为它们已成为既定惯例的一部分，与会者一般只是在会议上做听众。这种会议不过是在倾销数据而已。鉴于此，一定要缩短会议时间或完全取消无效会议。

会议时间应尽可能缩短，或者根据达到特定目标所需的时间长短来确定时长。听说过帕金森定律吗？帕金森定律认为，只要还有时间，工作就会不断扩展，直到填满所有的时间。如果安排了一个小时的会议，它就会持续一个小时。如果只安排20分钟，那么你也将在这个时间内完成讨论。

为防止会议跑偏，请严格制订并遵守议程。这样，每个人都可以准备好发言，但仅限于需要所有人提供意见或建议的问题。如果某个议题只与几个人相关，它可以被搁置到会议结束时或稍后小范围内讨论。

虚拟会议的注意事项

随着新冠肺炎疫情的暴发，我们不得不依赖 Zoom[1] 线上电话和其他虚拟会议平台。随着时间的推移，我对虚拟会议的有效性和无效性进行了总结。由于我不是 Zoom 的专家，所以就不谈技术方面的问题了，但一些基本的礼仪规则可以让虚拟会议更高效，更人性化。

首先，在准备发言之前，请将麦克风静音。没有人有兴趣听到你家的狗叫声或任何背景噪声。

其次，使用举手功能让别人知道你想发言。这样可以防止与会者同时发言，影响交流效果。可以指派一名主持人，通过监控举手、指定发言轮次和监控聊天功能等促进与会者的参与度。

最后，我建议不要关闭摄像头。关闭摄像头说明你在做别的事情，这也表明你已经脱离了团队，并且有更重要的任务要处理。如果会议简明扼要，并且有一个与所有与会者相关的明确议程，那大家就没有理由接受这种做法。因此，除非有合理的理由，比如网络连接速度慢，或者你已经让大家知道你正准备狼吞虎咽地吃午餐，不想让他们看到你，否则请打开摄像头，专注于会议。（很高兴我把这件事说出来了！）

---

1 Zoom 是一款多人手机云视频会议软件，用户可通过手机、平板电脑、PC 与工作伙伴进行多人视频、语音通话、屏幕分享、会议预约管理等商务沟通。——译者注

尽量选择面对面的对话

通过面对面交流，你可以直接回应相关问题，避免了来回拉扯的麻烦。这不仅可以省去许多电子邮件，还能有效减少误解，因为语气和肢体语言会传达文字所无法传达的信息。

如果一件事对你很重要，当面解决会比备忘录或电子邮件更有分量。

一对一会谈时，请关掉手机并把它放到一边。你需要全情投入，认真倾听，把目光专注在对方身上，眼睛不要乱瞟，更不要看手机。尽管你当时可能有无数其他事情要做，但你要知道对你的团队成员来说，这可能是他们来讨论与解决自己关心的问题或与自己相关的事情的唯一机会。因此，你需要专注于谈话，用全身心的关注来表达你对他们的关心。

顺便说一句，打电话时也是如此。如果你在听电话时——或假装听电话时——同时做其他事情，建议你三思！因为除非你做的是完全无意识的活动，否则别人很容易意识到你没有全神贯注。

切中要害，言简意赅，稳坐钓鱼台

不要在一条信息里涵盖太多内容。如果你的沟通方式是像喷射水管一样向人们输出信息，那么你要知道，你的大部分信息都会像乙醚的消去反应一样被淹没。每个妈妈都很清楚这一点，所以她们给出简单的指令，并运用重复的方式使孩子理解。当看到自己十几岁的孩子伸手去拿车钥匙时，妈妈就会迅速地嘱咐："安全驾驶，系好安全带。"

同样，领导者也必须精简信息。例如，如果你正在推行一项客户服务计划，那你一定要把这一行动计划纳入你与团队成员的沟通计划内，直到它完全融入公司文化，然后再转向下一个行动计划。为了让这一文化在人们脑海中留下深刻印象，你一定要继续经常讲述这些内容。

让信息深入人心

对于某个问题，你可能已经深入思考了很久，但当你对外传达这一信息时，你的团队可能是第一次接触到这个问题。很多时候领导者会想当然地认为，只要信息传达出去，团队成员就接收到了。但事实上，这种想法大错特错。

比如，当孩子在看电视时，妈妈要想让孩子的注意力从屏幕上移开，肯定需要多次尝试。你的团队也是如此。你可能认为传达出信息就是完成了沟通，但其实你的信息并没有深入人心。这时，团队成员才刚刚开始将信息内化。

当领导者为企业引入新流程或带来重要变革时尤其如此。当你要出台一项新举措时，就像发动一列即将出发的火车，总有一些团队成员（通常是少数人）会立即跳上车，急于到达目的地。因此，你要向这些人靠拢，以扩散信息并赢得团队其他成员的支持。

> "欲速则不达。"
>
> ——伊莉斯致桑德琳　法国屈埃韦尔

与此同时，绝大多数人（持怀疑态度的人）会拭目以待，看看变革将如何影响他们个人。但是，一旦他们完全理解该举措的内容和影响范围，他们就会根据自己的时间和条件加入进来。

在变革的过渡时期，领导者必须亲自下达指令，以增加新举措或倡议的影响力，并确保沟通的一致性、及时性和准确性。当然，也总会有一些落伍者和不情愿的团队成员保留自己的想法，抵制变革。他们甚至会试图通过指出指令中的某些含混或自相矛盾的内容来破坏倡议。有些人最终会以自己的方式登上你的新列车，有些人则永远都不会。因此，你必须将接受指令作为团队的重要问题加以解决。

在变革时期进行沟通，你一定要投入时间与精力并不断重复，这样才能让每个人都加入进来。

耳听八方，保持警惕

一旦处理好了对外沟通的问题，你就该关注对内沟通了。就像妈妈与青少年之间的沟通一样，领导者有时会觉得大部分沟通都是关起门来进行的。

如果你一直对别人喋喋不休,却从不为他们提供回应的渠道,那么沟通这扇门很可能会一直紧闭着。因此,尽量少说教。说教只会让人对你的话充耳不闻,或者表示不屑。

因此,一定要有意识地建立**双向沟通渠道**。邀请你的团队提供反馈,如前所述,你不要对你的期望目标含糊其词,要具体说明你想知道什么、你有兴趣听到什么、你需要了解什么程度的详细内容,以及频率如何。

即使没有出现内部交流的问题,也千万不要以为情况一切都好。妈妈都知道,当孩子过于安静时,这意味着有什么事情正在酝酿之中。当你感觉到自己可能没有得到所需的全部信息,或者你的团队不愿意分享信息时,你一定要参与进来,**提出开放性、探究性的问题**。起初,你可能只会得到一个敷衍的答案,但只要坚持不懈,就有可能了解到对方心中所想的一切。(我就曾用这种方法成功地制止了孩子们的一些恶作剧。)

在征求意见的过程中,你一定要确保接触到企业内部的各个层级和各个部门。

如果沟通是双向的,那么简单的问题也能迎刃而解。在"迪士尼世界",我每周巡视时总是尝试与零售团队的成员进行交流。我最喜欢问的问题一直是:"在工作中,有没有什么事情让你感到沮丧?我能帮你解决吗?"通过这种方式,我发现了一个困扰自己很久的问题。

当时,艾波卡特馆的零售团队每天都会遇到数十位前来询问有没有健达奇趣蛋的游客——这种巧克力蛋在德国非常受欢迎，但我们的商店却没有准备这种蛋。这是多么好的销售机会，零售团队简直无法理解供货的买手为什么如此疏忽大意。他们感叹，自己的这一要求长期以来一直没有得到重视。

我记下了零售团队的抱怨，并在下次会议上向相关买手提出了这一要求。

不知何故，这位买手从未考虑过这个问题。在她看来，她的职责范围内有很多更紧迫的问题需要解决。然而，当我告诉她每天收到的顾客问询量有多少时，她大吃一惊，也明白了为什么这个问题会让艾波卡特馆的零售人员如此沮丧和不满。

但她接着解释，健达奇趣蛋不符合美国的安全规定，因为里面有一个小玩具，孩子们可能会误食。这是底线：无论如何，我们都不能在迪士尼出售健达奇趣蛋。

原来，整件事在翻译过程中发生了信息偏差，淹没在了来来回回的沟通中。

于是，我回到了艾波卡特馆，向零售人员传达了这一信息。你是不是觉得，当时的我解密了一个高度敏感的信息？不是的，我只是倾听了双方的意见，然后把完整的信息传达给相关人员。

没有人适当地提醒这个问题的重要性，也没有人传达过背后的原因，因此合作双方都产生了挫败感。像这样的问题，尽管非常简单，但如果不尽快沟通，很快就会破坏工作关系或危及某人的信誉。

积极听取消极意见

要进行有效的沟通，你就必须愿意倾听事实真相，无论是来自团队成员还是来自客户的。

一定要给予员工或客户正常表达挫折、担忧或寻求帮助的通道。正如我总是告诉自己十几岁的孩子们，只要他们需要帮助，随时都可以给我打电话——我不会问任何问题，他们也不需要提供理由，更不用担心后果。

对领导者来说，不妨退一步问问自己：我建立了哪些机制让信息反馈到我这里？我是否平易近人、容易接近？大家是否能看到我在哪儿？我的办公时间是否与团队成员保持一致？是否有匿名联系我的方式？我的团队能否给我私人语音留言？我是否定期主持团队反馈会议？无论团队价值如何，我是否感谢团队成员与我进行交流？当遇到坏消息或负面反馈时，我该如何应对？

这些都是你可以用来鼓励相互交流的绝佳问题、工具和策略。

确保沟通的信息已落地

最后，通过评估结果来评价沟通的影响和效果。通过向企业的不同层级提出探索性问题，以此来衡量信息传达的准确度。这样，你就能了解信息传达的内容与方向。

你一定听过妈妈这样问："我刚才说了什么？"她也是想确保信息是否落地。当你要求信息传达链条中最末端的员工将信息反馈给你时,你就可以确定信息在迷宫似的传输过程中是否被曲解了,这就像孩子们玩的电话游戏一样。

在信息达到预期效果之前,你需要不断地广泛传播,使之变得简单但重要,从而使人过目不忘。

最近一次去新奥尔良时,我注意到机场女厕所洗手池上方有一个牌子。上面写着"认真洗手,就像刚吃完小龙虾,现在需要戴隐形眼镜一样"。

我哑然失笑,然后照做。这则信息很有趣,主题符合地点,令人难忘。

它为什么会如此有效?当沟通引发情绪反应时——无论是惊讶、欢笑、悲伤还是骄傲——我们都会牢牢记住。这也说明了这样一个观点,即领导者永远不应忽视最强大的沟通方式之一:讲故事。

12
我有一个故事——把讲故事作为一种领导力实践

　　1932 年，我的妈妈安娜出生在法国里昂附近的一个村庄，第二次世界大战爆发时她才 7 岁。1940 年 5 月，就在妈妈 8 岁生日的前几天，德军入侵法国，迫使法国政府投降。因此，当时的法国人民生活在德国的控制之下，不得不遵守严格的食品和燃料配给制度。

　　1943 年之前，一些法国铁路工人加入了抵抗组织，积极致力于破坏德军的基础设施。我的祖父就是这些勇士中的一员。在抵抗运动期间，他偶尔会在半夜回来看望家人，但绝大多数时间里他和抵抗运动的同伴们一起过着隐蔽的生活。

　　由于不能依靠祖父，妈妈家的生活可想而知。食物匮乏，因为牛奶、肉和土豆等基本食材都被送给了德国军队。每个人都想尽办法种植粮食和觅食，以维持生计。

　　在我成长的过程中，妈妈有时会给我讲起她对战争的记忆。

她说，只有足够幸运的时候他们才会用猪油做饭，大多数时候都是吃根茎菜或卷心菜，整个战争期间她从未见过一盎司（约28克）的糖或巧克力。

妈妈经常谈起法国解放，谈起她和其他兄弟姐妹是如何鼓起勇气，在美军大败已经在撤退中的德军后，去附近的战场看望美军。她讲到一位好心的美国士兵曾给了她一茶匙糖，她一路上都小心翼翼地把糖放在口袋里带回家给她的妈妈。因为这东西太珍贵了，不能丢。

第二天，另一个士兵从美军的"K型定额口粮"[1]中拿出一块"好时"牌巧克力给了她——对一个刚刚经历了五年食物配给制的孩子来说，这简直是天堂般的享受。

德军的占领结束后，情况慢慢好转。尽管如此，妈妈仍然记得战后的第一个圣诞节，她和兄弟姐妹每人都得到了一份礼物：一个橘子。妈妈说，直到今天，她还能回忆起那个橘子的甜味和酸味，当时她一瓣一瓣吃了好几天才吃完。

妈妈的故事生动地描绘了占领时期的生活。当她说到那时不得不忍受不公平的食物限制时，我会感到心痛；当知道她在孩提时代就经历这些苦难时，我会感同身受、激动得热泪盈眶；当她描述她在品尝糖、巧克力或橘子等简单食物的喜悦时，我好像也

---

1 "K型定额口粮"（K-ration），又译为"K-口粮"，是一种单兵军用口粮，在第二次世界大战中首先由美国陆军引入，可以满足一个普通士兵一天的消耗。——译者注

能尝到它们的味道，真的。

这些故事我听过很多次，它们在我心中有着特殊的地位。每当我看到"好时"巧克力棒，就会想起妈妈。直到今天，我仍然不愿意扔掉任何食物，因为我知道妈妈一定会反对。

这些故事之所以令人难忘，不仅因为它们是家族传统的一部分，还因为它们总能引起情感共鸣。我们的情绪越激动，就越能产生共鸣，记忆也就越深刻。

每个妈妈都深谙此道。她们通过讲故事与孩子建立联系，将知识和价值观代代相传。这并不是什么新鲜事。

几千年来，无论是通过洞穴壁画、书籍，还是围着篝火口口相传，文化都是以类似的方式传承下来的。如今，得益于科技的发展，我们动动指尖就可以看到无数的文化故事。**每一个引人入胜的故事都具有相同的命运：永远留在我们的集体记忆中。**

就我而言，妈妈的故事教会了我坚韧和勇气，教会了我不要把任何事情视为理所当然，教会了我欣赏生活中的小事，更教会了我善良。

"如果你无法拥有自己喜爱的东西，你就去爱你已经拥有的东西。"

——莉安娜致伊莉斯　法国富拉斯莱班

有时，故事只是我们想象力的产物，但它们却能像事实一样传达令人难忘的信息。

孩子们小的时候，睡前是一天中我最喜欢的时间。因为我终于可以踢掉鞋子，和他们依偎在一起了。我的三个孩子各有不同的睡前习惯，但故事时间都必不可少。

特里斯坦喜欢贝伦斯坦熊的故事，朱利安喜欢苏斯博士的故事。玛戈特大约6岁时有了自己的睡前习惯，包括讲述"床的故事"。我不记得这个故事是怎么来的，但我们讲述故事的方式很特别——非常强调故事的戏剧效果。

"几百年前，一家人躺在地上睡觉。多年以后，他们在某个住所里定居下来，睡在干草做成的垫子上。最后，有人想到把干草装进麻袋里，再把麻袋垫高，以抵御寒冷和潮湿。床就是这样发明的。接着是毯子和枕头。后来又有了床脚板和床头板，这样你的脚和头在晚上就不会掉下床。最后出现了床的'钥匙'：床单！在炎热的夜晚，它能让你保持凉爽；在寒冷的夜晚，它能让你保持温暖。"

故事到这里就结束了。这时，一直目不转睛地等待着这一刻的玛戈特会大喊："床单不是钥匙！"我和丹会义愤填膺地反驳说，这的确是钥匙。经过一番调皮的玩闹，我们终于帮她盖好被子，关上了灯。

我和丹经常在想，为什么玛戈特那么喜欢这个愚蠢的故事。

后来我们意识到，是重复给她带来了安全感，常规或惯例会让她感到欣慰。此外，她还喜欢在故事结束时搞怪，因为我们会假装目瞪口呆，然后沮丧地离开她的卧室。

玛戈特现在已经长大成人，但她仍然对这个故事记忆犹新。故事就是这样。即使故事内容很浅显，也同样能勾起我们的回忆，唤起我们珍贵的时光记忆。

每个妈妈都深知这一点的重要性。这就是为什么我们要给孩子们读书，即使我们的孩子夜以继日地要求读同一本书。

为了让故事更真实或更贴近生活，妈妈扮演不同的角色，使用不同的声音。每个妈妈都会利用故事作为教学时机，传达正确的价值观和见解。她们知道，一个好的故事可以帮助孩子表达自己的感受，因为故事为孩子提供了一个情感基准。

书籍不仅能给人带来乐趣和丰富的想象力，还能让孩子了解美好生活的多样性。

此外，对故事的热爱会让孩子成为狂热的读者，而热爱阅读的孩子在成长过程中会掌握更多的词汇。这将进一步帮助他们成为更好的学习者，并最终影响他们的整个教育过程。良好的教育可以让孩子拥有自己喜欢的职业和更多的机会——这也是每个妈妈千方百计努力要实施的长期计划的一部分。

因此，妈妈用讲故事的方式来与孩子分享深刻的见解或传达重要的信息。

我曾经读过杰弗里·萨克斯的《贫穷的终结》(*The End of Poverty*),书中介绍了"千年发展目标"(Millennium Development Goals,简写为 MDG)计划。作为"千年发展目标"计划的领导者,萨克斯呼吁国际社会修建道路和基础设施。为什么呢?因为帮助人们摆脱贫困的最好办法就是让人们获得教育、医疗和贸易的机会,这些都是经济增长和发展的关键动力。

有了道路和交通,人们可以去学校,在那里接受教育;生病时,可以去医院;还可以去市场,销售自己生产或种植的商品。

"千年发展目标"计划最初的目标是到 2015 年消除极端贫困。这一天早已到来,但当前仍有数亿人每天的生活费不足 1 美元。

实现"千年发展目标"的最大障碍之一就在于:没有人愿意投资基础设施。修路需要资金,但仅仅提出资金需求无法激发人们的情感共鸣,因此也没有人愿意掏出支票簿。然而,当人们看到贫困儿童的照片或听到一个家庭没有自来水的故事时,他们更有可能向慈善机构捐款。

这类故事牵动着人们的心弦,因为它很容易使人感同身受。故事会让我们做出反应,想着自己能做些什么。**故事能描绘出一幅图景,并促使我们付诸行动**。故事能让我们充满活力,感到激动、振奋,激励我们,赋予我们力量,鼓舞我们,让我们燃起斗志。从本质上讲,这也是一个领导者应该努力做到的事情。

没有什么比一个好故事更能吸引人了。领导者应该表达自己的想法和梦想,分享企业的价值观和企业愿景,明确期望,说明自己希望看到的行为,并激励团队取得更好的业绩。这一切都可以通过讲故事来实现。这是领导者可以利用的最强大的技能之一。

善于讲故事的人技巧娴熟、机智幽默、口齿伶俐、口若悬河。当然,并不是每个人都天生会讲故事。尽管讲好故事并不容易,但任何人都可以学习一些讲故事的基本技巧。

向他人学习,然后付诸实践

把故事讲得令人难忘有很多种方法:向演讲高手和"故事大王"学习,研究他们是如何把故事串联起来的;在别人面前练习讲故事,磨炼自己的讲述技巧;从自己感兴趣的话题开始练习,通过细节描述让画面更加生动。就像妈妈对自己的孩子讲话的方式一样,学会利用语调和节奏的变化来激发听众的想象力,并且在讲到故事的核心信息之前,要学会制造悬念。

"培育自己的花园,装点自己的灵魂。"

——阿伊达致努哈　黎巴嫩贝鲁特

从终点开始

在为团队讲故事时,你一定要有清晰的规划。考虑清楚你希望通过讲故事达到什么目的。问问自己,你希望听众感受到什么、学到什么、记住什么。你可以把某个瞬间和事例转化为故事讲出来,更好地将观点付诸实践。

一定要带着明确的目标与结果,对工作过程进行逆向设计,通过故事来传达情感,影响受众。这样,信息才能传递成功。

故事要短小精悍,令人难忘

一个好故事必须具备中心要点、深刻的见解和令人难忘的智慧。一定要突出最重要的内容,并将其作为故事的核心。

少即是多。研究表明,耳朵听到的内容,我们只能记住10%左右。因此,分享故事时一定要确保内容简洁,令员工马上记住故事的重点,避免长篇大论使人昏昏欲睡。

说话要发自内心

这一点上文已经讲得非常清楚,即优秀的领导者都为人真诚。不管是讲亲身经历的故事还是鼓舞人心的事例,都一定要发自内心。只有做到这一点,你才可以煽动人们的情绪,与成员之间的相处才能更加融洽。

更重要的是，只有这样你的团队成员才能真正了解你的为人，明白你对他们的工作的期待和要求，记住你所传达的信息的核心。这将促进团队成员通过自我反省和批判性思维在以后的工作中采取正确的行动。

很快，你就会看到大家表现出的新技能和行为正是你一直期待和鼓励的。至此，你一直极力宣扬的内容已经深入人心。

作为领导者，你一定要学会为人母亲一直以来都懂得的道理：**故事远不止传递人生道理，故事还能联络感情**。我在迪士尼工作了15年，在那里，我们不仅通过电影，还通过整个企业文化来提升故事的力量——比如让游客讲述自己在迪士尼的珍贵记忆，让员工分享他们对公司的热情，然后通过情感的力量将人们紧紧地联系在一起。

不过，讲故事并不是娱乐公司的专利。故事是一种工具，所有领导者都可以使用这种工具来激励自己的团队。

但是，有一点必须牢记：如果领导者言行不一致，那么到目前为止本书中所提到的一切方法——为成功制订行动框架、培训、认可、指导或有效沟通——都不会产生丝毫的作用。

故事的力量与榜样的力量相辅相成。行动往往胜于雄辩。

13
我想向你学习——成为榜样

以前,每当看到丈夫给孩子喂食,我总会乐得合不拢嘴。丹会小心翼翼地用勺子给宝宝喂食,当勺子靠近宝宝的脸时,他自己会先张开嘴巴,希望宝宝能回应他。我觉得这太搞笑了……直到我意识到自己也有同样滑稽的行为。

很傻,是不是?但这一招确实奏效。为什么?因为孩子天生就会模仿周围的人。你笑,婴儿就会笑;你伸舌头,婴儿就会试着伸舌头;你唱歌,婴儿也会试着唱歌;同样,你张开嘴,婴儿也会跟着张开嘴。婴儿会回应妈妈的声音,复制妈妈的音调变化。

如果某位妈妈在第一次送孩子去日托班的时候流下了眼泪,孩子也会以同样的方式回应。蹒跚学步的孩子能够感受到妈妈的焦虑,即使他们可能还不能理解正在发生的事情。

在成长过程中,孩子会模仿父母的一举一动:举止、肢体语言和说话方式。由于孩子与妈妈待在一起的时间更长，妈妈的行为特别是待人接物的做法，就成为孩子主要的模仿对象。妈妈是否热情好客，是否善于与陌生人打交道？她是否孤僻害羞？她喜欢成为众人瞩目的焦点，还是性格比较内向？

尽管婴幼儿无法用语言描述自己的所见所闻，但他们注意到了一切，并开始模仿父母的行为。可以说，父母的行为为儿童的社交技能设定了基准。还有很多其他行为，孩子也是从父母那里学到的。

父母是否撒谎或者美化事实？父母倾向于说别人的坏话，为自己的行为推卸责任，还是能够为自己的错误负责？父母有健身习惯和健康的生活方式吗？他们是否吸烟或酗酒？他们是否有攻击性行为或辱骂行为？

家里有孩子的人都知道，以上这些问题孩子都会观察到，并视其为常态。父母是生活中对孩子影响最大的人，这种影响无可匹敌。

鉴于此，我最近问 24 岁的玛戈特，我对她成年后的行为有什么影响。她是怎么回答的？她说，她从我这里学到的是，如果伸直双腿，把脚放在配偶或男朋友的腿上，并长时间地扭动脚趾，就很有可能得到足部按摩……哎！这可不是我期待的答案。

玩笑归玩笑，但这也说明了作为榜样的两难处境。好消息是，孩子一直在观察你，并会模仿你的行为。坏消息呢？仍然是孩子一直在观察你，并会模仿你的行为。

那么，该怎么做才能让孩子只模仿积极的行为，而不是消极的行为呢？如何才能激励孩子学习我们的优秀品质，而不是我们的怪癖或错误呢？

首先，妈妈必须认清自己想让孩子学习什么，并有意识地投入时间去教孩子。这里的"教"并不是说妈妈要郑重其事地发表一场演讲或布道。相反，妈妈需要以身作则，展示自己对孩子的期望。

妈妈知道，要想把孩子培养成勤奋的人，自己就必须展现出良好的职业道德。要想把孩子培养成乐善好施的人，仅仅告诉他们要慷慨地付出时间或金钱是不够的，妈妈应该让孩子和自己一起参加社区服务志愿活动，或者定期为慈善机构捐款。

妈妈明白，如果自己从来不看书，那么孩子热爱阅读的可能性也比较小。妈妈也知道，父母的生活方式健康，也会更容易让孩子养成健康的生活习惯。

如果妈妈能控制自己的屏幕时间，促进家庭互动，那么孩子也会更愿意这样做，减少自己接触社交媒体、游戏和电视的时间。

妈妈总是做得很棒吗？当然不是。但如果孩子注意到妈妈的主张和她自己的实际行为有任何出入时，他们就会无情地揭露出来。

孩子，尤其是青少年，能像猎犬一样嗅出虚伪。只要有机会，他们就会指出父母的任何过失或缺点。如果父母的语言和行为差距太大，青少年就会另寻行为榜样，一个言行一致的人。

妈妈要想在孩子的生活中具有影响力，就必须保持言行的可信度。要做到这一点，妈妈首先要做到为自己的行为承担责任。

每个妈妈都知道，犯错并不可怕，最重要的是能够承认自己的错误，并在伤害别人的感情时学会说对不起。通过妈妈的这一行为，孩子能学到两个宝贵的道理。

首先，孩子会明白人无完人，人人都会犯错。其次，他们会明白承认缺点并不会低人一等。事实上，表现出脆弱需要勇气。

妈妈以身作则，勇于承担责任，乐于分享自己的错误，就能有效地为孩子创造一个敢于面对失败的安全空间。

每个妈妈都明白，自己并不是孩子生活中唯一的榜样，尤其是在孩子的青少年时期。她们会密切关注孩子所崇拜的人，无论是朋友、亲戚、运动员还是名人。这个人代表什么样的价值观？这个问题的答案将决定妈妈是否会鼓励孩子与他的榜样进一步交往。然而，引导一个8岁孩子做出正确选择要比引导一个16岁孩子容易得多。正因为如此，妈妈知道对孩子进行引导的时间点至关重要。

孩子还小的时候，监督甚至影响他们对榜样的选择比较容易。因此，妈妈认为哪些人值得学习，就会强调这些人的价值观、品质和成就，希望引导孩子产生类似的情感。

如果父母经常谈论他们钦佩的人或他们坚持的道德原则，那么可以肯定他们的孩子也会倾向于采纳同样的观点。这就是为什么大多数孩子的政治立场和社会信仰与父母相同。但是，如果父母等到孩子青春期才传授自己的价值观，则可能为时已晚。到那时，父母已经无法左右青少年的决定，只能任由他们自己做出判断。

如果父母在早期就为孩子树立了正确的行为模式,并向他们传授了正确的价值观,那么,孩子到青少年时期就能本能地分辨出是非曲直。

妈妈明白,要想成为受孩子尊敬的榜样并让孩子延续自己的某些行为,自己就必须始终如一。一个小小的失误——即使是在无关的领域,或者一个诚信上的瑕疵,都会危及个人的信誉。

这就是一个例子:曾经有一位全国橄榄球联盟的四分卫,我的两个儿子和他们的朋友都很崇拜他,认为他是一位了不起的运动员和榜样。然而,他们后来发现这个人组织斗狗比赛,并在比赛结果上下注。这个消息引发了孩子们在车上的热烈讨论。

当拼车过程中出现这种对话时,我知道自己应该保持安静,尽量不要参与进来,同时认真倾听。尽管驾驶座上的我没有提出任何意见,孩子们还是很快就一致认为,斗狗是一种残忍的行为,这实际上损害了这名足球运动员的榜样地位,无论他的运动能力如何。

考虑到这些男孩的年龄从6岁到13岁不等,我很自豪地听到他们运用自己的常识,改变了对相关个人的看法。我很欣慰地看到,孩子们没有陷入对事件的争论中,也没有贬低他们的榜样,而是独立于电视、社交媒体、朋友、母亲或其他人的言论,通过独立思考做出了判断。这证明正确的价值观逐渐深入人心。

与此同时我不禁想到,作为榜样,建立良好的声誉何其困难,而这一切又多么容易在一夕之间土崩瓦解。

肯尼斯·布兰查德说过："成功领导的关键在于影响力，而不是权威。"领导者如何影响他人？通过自身的行动。企业和家庭一样，有其独特的文化。就像在家庭中父母为孩子定下行为基调一样，在企业中领导者也为团队树立了榜样……无论好坏。

一定要树立正确的行为榜样，否则领导者身上的任何品质都无法对企业产生丝毫影响。即使你是一个智慧的领导者，一个杰出的战略家，或者果敢、有远见卓识，但如果你不能使团队顺利执行计划，交付项目，或者有效地完成工作要求和任务，那么你的这些品质就都不再重要。因此，如何使团队走上正确的道路呢？

言行一致

领导者通过自己的行动树立企业的价值观，并由此向下渗透。如果你希望自己的团队表现卓越，那么你就要做到卓越；如

"上梁不正下梁歪，正如鱼腐从头起。"
　　——罗西娜致亚历山德拉　意大利西西里岛米拉佐

果你希望团队成员尊重客户和同事，那么你就要做到尊重别人；如果你希望员工为自己的工作负责，那么你就要做一个负责任的领导者。只有你做到言行一致，团队成员才能得到激励从而采取正确的行为。这也是传达期望最有效的方式。

团队成员不仅会听领导者说了什么，还会密切关注领导者做了什么。

你是否曾在晚上7点左右仍未离开办公室，同时发现许多团队成员还在工作？你是否曾在深夜或周末发送过电子邮件，并收到团队成员的及时回复？你可能一直倡导平衡个人生活和工作，但除非你以身作则，否则团队成员会效仿你的做法，而不是你的言辞。

领导者的行为会让团队成员认为这是暗示。所有人的目光都集中在领导者的身上。如果你加班到很晚，无论你说什么，团队成员都会得出结论：加班是获得优异业绩和潜在晋升的先决条件。

其他事情也是如此，无论是领导者说话的方式、谈论他人的方式，还是领导者是否为下属敞开大门，是否可靠、有责任心，他的工作风格，甚至他的穿着打扮，都影响重大。甚至，领导者在单位以外的行为举止也要特别注意。下面我们来谈一谈这个问题。

以身作则与慎独

以关注员工的安全问题为例，假设贵公司要求团队成员无论做什么事都必须把安全放在首位。但是，如果领导者开车像疯子一样，或者每天早上以每小时40英里（约64千米/时）的速度

"有益于母鹅的,就有益于公鹅!"

——乔伊致艾琳　美国佛罗里达州圣彼得斯堡

从停车场驶过,这会给团队传递出什么信息呢?领导者真的有安全意识吗?企业真的重视安全问题吗?在领导者不遵守安全规则的情况下,我甚至可以用自己的生命打赌,安全倡议甫一下达,马上就会夭折。

团队的其他成员一定会注意到领导者的言行差异,并得出结论:安全问题不过是随意说说的空话或贴在布告栏上的说辞。很快大家就不再遵从规则,行为也会逐渐滑坡。之后就再也没有回头路可走,也没有人会在意安全规则。企业的诚信将受到打击,声誉也将受到损害。

"照我说的做,但不要效仿我的行为。"这种说法从来没有成功过,也永远不会成功。

如前所述,人无完人,领导者也会犯错误。以下策略将帮你有效避免声誉受损。

鼓励员工提出质疑

领导者一定要给团队成员足够的安全感,以便当自己的要求与自己的表现不一致时,他们敢于对此提出质疑。青少年可能不会对揭露虚伪有任何顾虑,但员工会。他们会因为害怕影响自己的职业生涯而犹豫不决。

考虑一下你是否对此类反馈明确表示了鼓励、支持和欢迎。扪心自问,企业有反馈的常规流程吗?企业提供匿名反馈的机会了吗?反馈会保密吗?提供此类反馈真的不会有任何后果吗?

如果你没有设置反馈的安全流程,那么你就错失了一个了解自己盲点、做出改变并在此过程中赢得信誉的机会。如果你发现自己很难对企业产生影响,那可能只是因为你的行为与你所宣扬的内容相悖,而你却没有意识到这一点。因此,你一定要鼓励你的团队成员敢于提出质疑。

承认人无完人

当你意识到自己犯了错误时,你要迅速承认错误。另一种更好的做法是,感谢给予你坦诚反馈的团队成员。必要时你可以公开道歉,然后做出改变。

勇于承担责任会让团队成员对你产生好感,增进彼此之间的信任——即使这是以牺牲你受伤的自尊心为代价的。这将传递一个信息,即人无完人,你的不完美会缓解团队成员对完美表现的焦虑和压力。

及早定下基调

前文提到了与新团队成员见面和互动的重要性。新员工刚入职时，你一定要让他们能看到你、接近你，只有这样才能让他们从一开始就走向正轨。行为是会传染的，尤其是刚加入一个组织时。

新员工会观察企业如何行事，以及企业可以接受哪些行为。他们会仔细观察并模仿所见所闻，就像小孩子模仿妈妈的行为一样。一定要让新员工接触到最优秀的榜样，因为这正是他们最容易接受和服从的时候。

最后，不要忽视一个事实，即榜样的作用可能会带来意想不到的结果。我的三个孩子总是在晚饭后自发地收拾碗筷，然后把碗筷放进洗碗机。有朋友问我，怎么把他们训练得这么好的？这是我们提前分配给他们的家务吗？涉及某种形式的奖励吗？

事实上，我们从来没有要求孩子们这样做！他们只是模仿

"要有说'是'的诚实之心，说'谢谢'的感激之心，说'对不起'的悔恨之心，说'我会做'的服务精神，说'谢谢你'的谦卑之心。"

——幸子女士致悦子女士　日本宫城县石卷市

自己看到的。在我们举办晚宴时,丹和他的父亲总是主动收拾餐桌,因此孩子们自然而然地模仿他们父亲和祖父的行为。虽然不是有意为之,但这种行为却潜移默化地影响了他们。

我在迪士尼工作时也遇到了类似的例子。早上,当我例行巡视所监管的零售区域时,我看到一家店铺干净整洁,货品齐全,每个人都戴好名片、面带微笑地迎接新的一天,我大声对每个人说:"我喜欢我所看到的一切!"

后来,当我听到一位店铺经理也以同样的方式说出这句话时,我不禁暗暗笑了起来。我很高兴他也学会了公开表扬自己的团队。

因此,作为领导者,无论你喜欢与否,你都生活在聚光灯下,永远不知道谁在看着你!你是别人的行为榜样,全天候无休的榜样。到底是好还是坏的榜样,完全取决于你自己的选择。

至此,你不仅顺利地为成功奠定了基础,还学会了确保团队积极投入并高效运作的行为方式。但是,如果你认为任务已经完成,那就错了,因为事情经常不会按计划进行。在前进的道路上,你一定会遇到坎坷。

当然,为了帮你顺利度过动荡颠簸的成功之旅,本书还会提供更多的技巧和策略。采用并掌握这些,将使你的企业从"勉强生存"的状态走向"繁荣昌盛"。我们将在第 3 部分重点讨论这一内容。

PART 3

走向成功

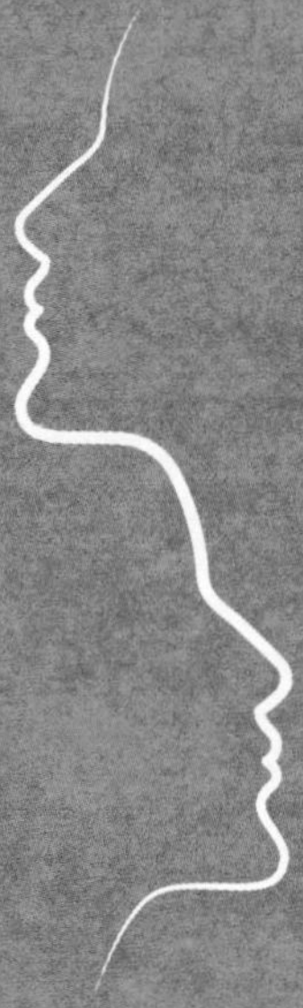

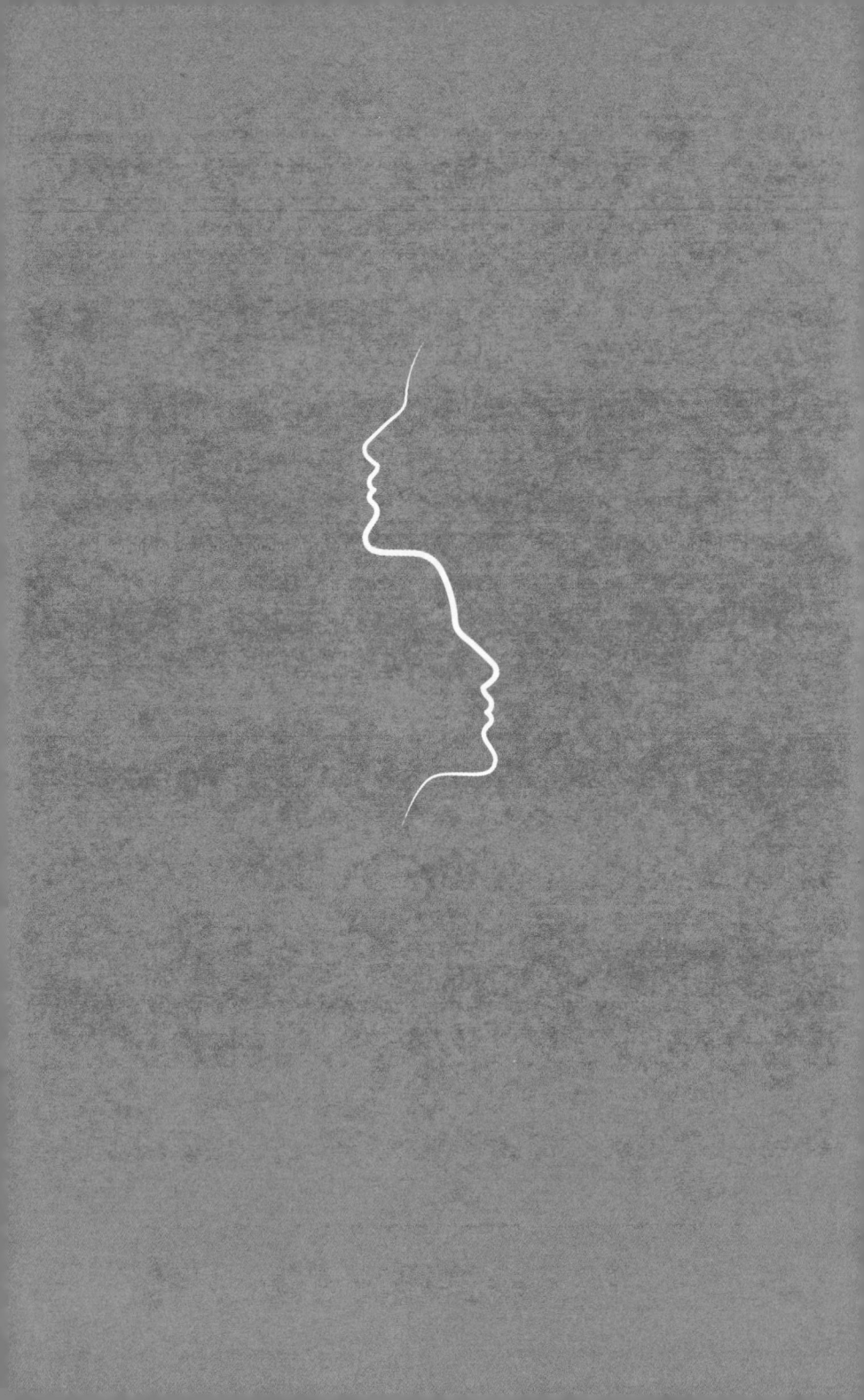

14

时间问题——时间管理

茱莉娅·查尔德曾经说过:"晚餐时间是神圣的,是一家人应该聚在一起放松的时刻。"

谢谢朱莉娅,祝你好运!每个妈妈都知道,下午 4 点到 8 点可能是一天中最忙碌的时间段。如果茱莉娅·查尔德自己也养育过孩子,她就能体会到大多数妈妈每天都在经历什么。

如果你已为人父母,就会对此点头表示赞同。如果你没有孩子,请允许我介绍一下有三个年幼孩子的家庭的傍晚。

16:15 接孩子放学。给孩子加餐。

16:30 送 1 号孩子去足球练习场。开车回家。掉头回去,因为 1 号孩子把水瓶忘在了车上。去送水瓶,然后开车回家。

16:55 辅导 2 号和 3 号孩子写作业。

17:00 把一大堆衣服放进洗衣机。

17:10 寻找 2 号孩子,把她从待了大半天的卫生间里拖出来。送她回去写作业。

17：20 搜寻 3 号孩子的玩具——神出鬼没的足球后卫。

17：35 把 3 号孩子赶出储藏室，送他回去写作业。

17：45 搜寻 2 号孩子遗失的历史课本。

18：00 到足球训练场接回 1 号孩子。送来 3 号孩子。

18：15 送 2 号孩子去练吉他。回家。

18：20 让 1 号孩子洗澡，并开始写作业。

18：25 开始准备晚餐。

18：30 去商店买一份学校项目必备的海报，因为 1 号孩子刚刚记起来，第二天要交。

18：45 从足球训练场接回 3 号孩子。开车回家的路上，提醒丈夫回家时顺便去接学吉他的 2 号孩子。

19：15 继续准备晚餐。解决 1 号和 3 号孩子之间的争执。把洗好的衣服放入烘干机。

19：25 让 3 号孩子摆好桌子。问候丈夫，并让 2 号孩子去洗澡。

19：27 让 3 号孩子摆好桌子。倾听并向抱怨工作的丈夫表示同情。

19：29 让 3 号孩子摆好桌子。做完晚餐。

19：30 召集所有家庭成员上桌吃饭。

19：31 召集所有家庭成员上桌吃饭。

19：32 让丈夫放下手机。

19：33 把 1 号孩子从电视前带走，把 2 号孩子从浴室里带走。

19：35 威胁要罢工。

19：36 坐下来吃晚餐。

19：36 起身去拿缺失的餐具。

19：37 吃饭。

要是幸运的话，接下来的 20 分钟左右我确实能够坐下来和家人一起享用晚餐了。（至于朱莉娅前文所说的放松之事，我就不奢望了。）

这就是我每天下午 16 点至 20 点期间的生活——既要在忙乱之中准备一家人的晚饭，又要让每个人为第二天做好准备。随着时间的推移，我找到了一种更好的解决方法，有两种形式：叫比萨外卖和进行时间管理。

养育孩子是一份全职工作，常常需要投入额外的时间与精力。事实上，为人母亲的工作是一周 7 天，一天 24 小时全天候在岗。没有带薪休假、假期、银行假日，也不能退休。你不能辞退自己的孩子，也绝对不能把自己的孩子更换成别人的孩子。一旦生了孩子，你就得长期坚持下去，没有回头路。

伊丽莎白·吉尔伯特说得好，"生孩子就像在脸上文身。在做决定之前，你真的需要确定这是不是自己一心想要的"。

"一个人只有一个屁股，无法在两个婚礼上跳舞。"
——芭芭拉奶奶致丽莎　美国纽约州纽约市

为人父母会影响你的整个人生规划，孩子给你的人生计划带来的绝非偶尔的搅扰。你只有一个人，却要处理众多事务。

妈妈无论置身何处，无论育有一个、两个还是十几个孩子，总能找到高效的方法来完成工作。因此，如果说有谁深谙时间管理之道，那一定是妈妈。如果你养育过孩子，你就会从本质上明白，要想生存下去，就必须有条不紊，你需要规划好每件事——吃饭、穿衣、跑腿、操持家务，甚至是上厕所！

我会利用在运动场边的闲暇时间处理电子邮件和其他任务（如商务电话），甚至成为个中高手。我会在等孩子的时候付数不清的账单，甚至在车道上等待接送孩子时到车后座上包圣诞礼物。

我的孩子们也学会了如此行事。我总是准备好剪刀、胶带、胶水和记号笔，这样他们就可以在等兄弟姐妹上吉他课时完成家庭作业和学校任务的收尾工作。

随着时间的推移，我从一个妈妈的视角总结出了9条有关时间管理的"规则"，这些"规则"对我来说成效显著。是的，没错，这些从实践中得来的最佳经验里的每一条，都可以在工作中加以运用。

你可能早已知道这些常识性原则，但没有引起重视。然而，当你把这些原则运用到工作中时，你会发现，看似简单的行为却会带来巨大的改变。这些规则能让你充分利用时间,在每天应接不暇的任务中生存下来。

规则 1:优化待办事项

无论是把待办事项记在手机上,还是记在记事本上,抑或早餐时写在餐巾纸上,你一定要有一张待办事项清单,才能确保万无一失。

有了这样一份清单,聪明的妈妈就可以对需要完成的工作进行统筹规划。在规划好一天或一周的工作后,妈妈就可以高效地处理家务,就像天生的工业工程师一样!就我而言,我不仅会记录一份不断更新的杂货清单,还会根据物品在商店中的位置进行分类,尽最大可能节约购物时间。

就像妈妈一样,大多数领导者每天的待办事项清单都远远超出了他在办公室的工作时长。你可以浏览一眼清单,**看看如何通过捆绑任务来优化时间。**

如果你计划对业务展开一次巡查,同时你的清单上也有与员工交谈的待办事项,那么你为什么不在巡查的过程中与员工进行一次快捷的面对面交谈呢?这样,你既可以避免因来回发送多封邮件而挤占对方的收件箱,又能让前线人员看到自己,同时还能锻炼身体!

同样,与其安排与多个小组进行多次会议,为什么不能安排每周一次开放式会议?我在迪士尼的零售部门工作时,每周四上午9点到中午12点，我们都要召开一次长达三小时的会议，由商品部的三位副总裁主持。

在会议上，所有的新战略、产品线、替代方案和其他与零售相关的主题都会被提出、审查和批准，因为所有的关键决策者都会出席。结果，会议井井有条、成果斐然，无须再召开多次小型会议。我们都知道，这些小型会议很容易填满一个人的日程表！

相信你已经明白了我说的要点。具体来说就是，在不影响质量和成果的前提下，通过将待办事项列表中可以一起完成的项目进行合并，从而优化时间。这是一个提高工作效率的关键方法，简单却常被低估。

遵循这一规则，你就能看到待办事项清单上满满的"√"，并享受这种喜悦——甚至你可以添加一两个已经完成的事项，然后在清单中勾选它们，获得满足感！

规则2：构建并依靠后援团

由于要处理的事情太多，妈妈必须构建并依靠一个后援团或支持系统，才能做到有条不紊。因此，妈妈迅速结交朋友，互相帮助。她们彼此分担可以托付给他人的职责。接送孩子上下学和参加活动就是其中之一。

拼车与其说是一种生活方式，不如说是妈妈的生存技能。每个星期，孩子们都要从一辆车跳到另一辆车，从一户人家跳到另一户人家，仿佛背着书包、运动包和午餐盒笨重地跳着华尔兹。

"四个25美分硬币胜过100美分。四个好朋友胜过100个普通熟人。"

——安吉致萨凡纳　美国佐治亚州佩勒姆

妈妈们为了彼此挺身而出，共同承担起做母亲的基本义务。她们也许没有护具，也没有头盔，但"超级妈妈团队"共同筑成了一道防线，抵御笨手笨脚、健忘和截止日期逼近等问题。

同样，领导者也不能单打独斗。在担任领导的最初几年，我天真地认为领导者必须无所不知、无所不能。但随着责任越来越重，我意识到想象与事实大相径庭。如果不把一些不太重要的任务委托出去，领导者就无法长期高效地开展工作。

因此，**充分衡量待办事项清单，找出可以交给他人去完成的任务**。同样，考虑一下哪些任务可以借助技术实现自动化。

我们都倾向于亲自完成某些工作，因为这些工作能让我们获得满足感，我们擅长这些工作，或者我们总是自己处理这些工作。但是，借用一位著名迪士尼公主的话来说，"放手吧"，只有学会放手你才能投身于更有成效的事务。

至于突发的紧急问题，你是否一定要亲自处理？你能否将这一职责下放给团队其他成员？

有些领导者因为自我膨胀或出于控制的需要而不愿交出权

力。如果你是这样的人，我不禁要问："**你疯了吗？**"想想看，把这些耗费时间的烦心事交付出去，会为你节省多少时间。此外，这也是一个绝佳的教学机会，让你的直接下属展示他们的决策能力，并为承担更大的责任做好准备。

规则 3：制订作战计划

朱利安 6 岁、玛戈特 3 岁、特里斯坦只有 6 周大的时候，我开始每年带孩子们去法国旅行一次，而丹则留在家里工作。我知道，每年夏天独自一人带着三个年幼的孩子旅行，需要做大量的准备工作和深思熟虑的攻略。因此，在做任何旅行准备之前，我都会先花时间考虑清楚哪些是能帮助我们顺利到达目的地的旅行必备品。

提前花时间确定我们所需要的一切，并为所有可能发生的情况做好准备，这确实帮助我们年复一年都能相对轻松地到达目的地。每次旅行前，我都会在脑海中预演旅途中的每一个步骤，确保自己不遗漏任何东西。

在随身携带的行李中，我总会为孩子们准备零食和一些新的小玩具，好让他们在横跨大西洋的飞行中玩得开心。此外，我还为特里斯坦准备了几个备用奶嘴，以防万一。

还有一样绝对不能忘记的物品是湿巾，它是旅行必备品清单上的头号物品。当孩子把一整盘食物（包括苏打水）掀翻在你身上时，湿巾就派上大用场了。别问我是怎么知道的。

我还在随身携带的包里装了必备药品，以及每人的换洗衣物，以防途中发生意外。除此之外，我还总是会多带一个垃圾袋，因为在长途飞行中，我们会不知不觉地制造大量垃圾。最后，我总是准备好零钱，这样到达机场后就可以使用行李车。

收拾好一切可能需要的物品后，我还会带孩子们去趟游乐场，这样就能在飞机起飞前把孩子们的精力消耗掉。我一厢情愿地希望，孩子们在飞机上系好安全带后，很快就会入睡，只有在抵达欧洲后才会醒来。虽然结果并不总是如此，但孩子们能在飞机上睡一觉为我赢得了宝贵的几个小时的宁静。

大多数时候我们都能顺利抵达巴黎，尽管在旅途中孩子们不断制造噪声并随意踢别人的座位后背，让我觉得很抱歉。（至于2003年7月20日乘坐瑞士航空从日内瓦飞往纽约的那位脾气暴躁的商人，你知道我感到很抱歉！）

这样的经历告诉我，与其匆忙收拾行李，不如停下来思考如何才能做好最充分的准备。事前的规划很有用，它能使我更加高效地整理行李，并确保我们带上了所需的一切。比如，我清楚地知道备用奶嘴装在哪里。最重要的是，规划能帮助我保持理智。

作为一名领导者，你可能不会面临带着三个孩子飞越大西洋的情况，但你可能会面临类似的情形，比如需要完成一长串的任务。迫于时间压力，你可能会倾向于立即投入到工作中，不分青红皂白地把清单上的工作一一做完。可是，如果是这样，你就很难发现一些提高效率和生产力的机会。无论你多么急于开始一天的工作，**你都应该在开始工作之前花些时间进行规划。**

不要一开始就上手工作。每一天都要从制订计划开始，你需要投入时间来评估未来的需求、资源或那些可以改变游戏规则的挑战，因为业务中难免会有飞来"食物盘"或丢失"奶嘴"等问题出现。

因此，在开始一天的工作时，你要先考虑好当天需要做什么，然后为每一步做好心理准备。**上游的准备工作会给下游带来红利**。你可能会发现需要增加新的任务才能继续向前迈进，或者你可能得先进行前一天未完成的任务。制订一个简单的计划还有助于提高工作效率，并高效地从一项任务过渡到另一项任务。

规则 4：为实现长期目标留出时间

第 6 章中我已经阐述了为团队、项目或企业制订长期愿景和战略的重要性。妈妈同样有愿景，妈妈希望看到孩子未来职业发展顺利，取得了不起的成就，并过上好的生活。她们常常为这一愿景绞尽脑汁。

我是否已经尽我所能？我的孩子会过上充实而幸福的生活吗？他们是否得到了发挥潜能的最佳机会？他们长大后会成为什么样的人？我是否让他们养成了健康的生活方式？……所有这些问题每天都在困扰着妈妈。

然而，在商业领域我们往往只关注短期目标。工作中，我们就像职业自行车运动员一样，低头紧贴车把以减小阻力，尽可能地提高速度，希望超越竞争对手、领先其他人到达终点。

但一味追求速度会让人忽视路途中的坑洼、路障或捷径。一味低头前进，你就看不到不断变化的环境（比如"百视达"公司[1]），无法发现新技术带来的机遇（比如"黑莓"公司[2]），甚至会低估竞争对手的实力。

持续而紧迫的交付压力使我们不得不将更多的时间用于管理当下，而不是展望未来。但长此以往，我们很难找出挑战现状和更好地发展业务的方法。

这时候，出色的时间管理技能就派上了用场：腾出专门的时间，思考未来如何发展以及如何为未来做最好的准备。如果你不这样做，我可以向你保证，一些紧急的事情马上会挤进你的日程表。

挤出时间为长远目标做准备并进行深入思考，你就能在重要问题变得紧迫之前将其解决。

规则5：留出一些"独处时间"

你是否经常感到疲倦、不堪重负、筋疲力尽，还失眠？如果是，那你可能患上了一种叫"养育子女"的病症。

---

1 百视达（Blockbuster）是一家美国影片租赁连锁公司，也曾是全球最大的影片租赁连锁店，在20世纪90年代和21世纪初取得了巨大的成功。然而，随着互联网的兴起和在线视频的普及，百视达逐渐走向衰落。——译者注
2 黑莓公司（Blackberry Limited）是加拿大的一家通信公司，主要产品为黑莓手机。由于不擅长微创新，它被"技术消费化"浪潮打败。——译者注

当了父母后，自己用于吃饭、睡觉和放松的时间实在太少了。因此，妈妈知道，必须给自己留出充电、开阔视野和思考的时间。如果不在日程表中安排这些时间，那么妈妈实际上就把自己的幸福拱手让给了育儿事业。最终，关于育儿的所有的事都会压在自己身上，自己再也没时间去做其他的事，久而久之精神很容易崩溃。

因此，妈妈应该尽量先照顾好自己，就像航空公司的安全守则："帮助他人之前，自己先戴上氧气面罩。"是的，也许某一天有一大堆衣服还等着自己去洗，但每位妈妈都知道，从来没有人因为穿臭袜子而死去。

妈妈不为自己安排休息时间，就会变得脾气暴躁、精疲力竭，甚至会生病。而妈妈倒下后，家庭后勤工作就会变得支离破碎。这样做有什么好处呢？

领导者也难以避免日程过度饱和的困境。你认为自己还能开足马力工作多久直至取得成功呢？无论是你的职业生涯还是个人生活，我猜时间都不会如你所想象的那么长久。最终，你会心力交瘁、无法思考，也无暇顾及自己的健康。你会累垮的。

"别生病，生病太无聊了！"

——朱迪致苏 南非开普敦

如今，每个人都在谈论职业倦怠，每家企业都在关注职业倦怠。多年来，倦怠感一直困扰着大部分员工，影响着企业的集体生产力。

无论你的职责或大或小，**都要适时给自己来一杯酒，"放纵"一下，善待自己**。你要认识到，如果你疲惫不堪、生病或缺勤，你就无法成为一名卓有成效的领导者，所以定期安排一些时间让自己重整旗鼓、重新出发很重要。为自己的身心健康投资，这样你就能为团队、合作者和整个组织做好迎接挑战的准备。一定要将这段时间列入日程表，并充分利用它——这是你与自己相处的宝贵时间。

如果你认为自我放松听起来很自私或懒惰，那就大错特错了。不要把行动和成果混为一谈。仅仅出现在工作岗位上并不能使你成为一个卓越的领导者、高效的工作者或可靠的人。高质量的成果才是关键。

还有一件事。在日程中安排一些停工休息的时间，只有这样，当有紧急事情发生时，你才会有回旋的余地。

"除了你自己，没有人能为你的幸福和健康负责。"
——森夏恩致普莉西拉　美国马里兰州切维蔡斯

规则 6：把艰巨的任务分解处理

分解处理的方式尤其适用于艰巨的任务。大学申请就是一个典型的例子。（顺便说一句，一眨眼，可爱的孩子们就要步入大学了！）处理所有的文书工作是一项相当艰巨的任务，也是一个漫长的过程。

在这个过程中，是什么拯救了我们？我们先将这个艰巨的任务分解成若干项小任务，并为可交付的成果创建一个时间轴和检查点；必要时，随着项目的推进进行评估和调整。所有这些都有助于缓解长期任务带来的恐惧感。

然后，我和丹决定，与其每天就大学申请对孩子唠叨不休，不如每周一晚上坐下来回顾一下进展情况。而除了周一晚上，其他任何时候都禁止谈论这个话题。

于是，事情就这样发生了：在我家三个孩子分别进行大学申请的过程中，每个孩子都会创建一个共享的谷歌文档，尽管他们当时还仅仅是十几岁的高中生。他们在文档里列出自己正在考虑的所有学校的名单，包括地理位置、招生规模和学费。我们还共同确定了一些额外的标准，这些标准将影响他们对大学的最终选择。

等孩子们确定了学校，我们就会切分任务，并给每个任务确定一个截止日期。然后，在周一的例会上我们会回顾进展情况，解决一些遗留问题。每周的例会让我们有机会充分发表意见并积极解决潜在的问题，同时也让我们有机会了解申请进展情况。

无论是大学申请还是处理工作中的重大项目，分而治之都是行之有效的策略。**问题的关键在于，要把大任务转化为可管理的小任务，并在任务完成过程中设立检查点。**

通过与所有相关人员保持沟通，你可以让每个人都有机会了解项目的进展情况。这样，在截止期限到来之时，大家就不太可能会提出大问题或突然的要求。

规则 7：专注于手头的工作

诚然，这可能只是一厢情愿的想法。事实上，成为妈妈后，会有无数的要求或请求向你袭来。我将其称为松鼠效应。你从一个任务飞奔到另一个任务，不断改变路线（像松鼠一样！），在完成上一个任务之前又匆忙赶往下一个任务（也像松鼠一样！）。这种多任务处理方式，往往会导致错误、遗漏细节或结果质量不高。

然而，妈妈很快就学会了通过个人独处、营造专门的个人时间和工作空间来提高效率——哪怕是把自己锁在浴室里。在这段时间里，她们不会受到任何干扰，可以专注于手头的工作。

作为领导者，你很清楚分心会对日常工作效率造成严重损害。你就是自己最大的敌人。有些东西会吸引你的眼球，往往在意识到这一点之前，你已经在浏览刚收到的电子邮件，然后你就发现自己已经偏离了方向。二十分钟飞逝而过，你才重新回到最初的工作上。

按照妈妈的方法，你一定要专注于手头的工作。关闭电子邮件窗口，关闭所有通知。在不知道网球比赛最终比分或Instagram[1]最新帖子评论的情况下，你也许能熬过几个小时。

最佳的实践方式是，在下载新应用程序时可以选择关闭推送通知，或者使用电脑的专注功能，只需按下一个按钮就能屏蔽所有干扰。当你准备处理需要深入思考的任务时，你可以让自己独处一段时间，将手机设置为飞行模式。

一定要专门抽出时间阅读和回复电子邮件，比如早上一小时、午餐前半小时和工作日结束后。而且，只要有可能，一定要选择与人进行面对面交谈，这样就不必来回处理一连串的电子邮件。

规则 8：战胜拖延症

到了做作业的时间，孩子们会藏在浴室、储藏室甚至冰箱里，或者突然间他们的手机不停地在响，朋友的紧急信息或需要立即阅读的通知纷至沓来，所有这些都在拼命拖延孩子们的时间。大多数妈妈都知道，这时该让孩子们稍事休息，重新振作，满足他们的重要需求——吃饭、喝水和上厕所，然后在开始做作业之前关掉电子产品。

---

[1] Instagram，照片墙，简称 ins 或 IG，是一款移动社交应用。——译者注

遗憾的是，成年人的情况并不比孩子好多少。我们从未真正摆脱拖延症。我们可能会在饮水机或复印机前逗留，再冲一杯咖啡，或者到别人的办公室去寒暄几句。结果，随着截止日期的临近，我们给自己施加了很多不必要的压力。最后，我们不得不疯狂地冲向终点，结果却是遭到重创、遍体鳞伤、精疲力竭。

当我们面对的是一项艰巨的任务时，这种情况尤为明显。当我们认为某项潜在的任务特别棘手时，我们就会发现待办事项清单上的其他任务突然显得比它更重要。令人惊讶的是，我们竟然会无意识地扩大待办事项清单，以便把应该用于处理我们不喜欢的任务的时间填满！

要战胜拖延症，仅靠意志力和自我约束是不够的。首先，你必须思考自己为什么会拖延。问问自己：我是害怕承担工作，还是没有能力完成任务，还是因为我害怕失败？

承认自己可能不具备完成该项工作所需的所有技能或资源，可以降低你对完成任务的期望值，减轻肩上的压力。承认自己的不足还可以让你搞清楚完成这项工作需要什么条件，从而为问题找到一个有效的行动方案。

然后，遵循第 3 条和第 6 条规则——制订作战计划并把艰巨的任务分解处理。这可以为你缓解一些焦虑，避免你陷入不知所措的状态中。

同时，我还发现，在开展某项任务的过程中遇到困难时，你如果能及时向同事和合作伙伴坦诚相告，就会得到更多的支持和鼓励。这些都是开展工作所需要的动力。

最后，还有一条建议对我帮助很大：当你需要保持专注并取得进展时，你可以设定一个计时器，稍作休息后再回到工作中。这样效果会更好，因为我知道下一次休息时间即将到来。如果你还没有尝试过"番茄时间管理法"，那就试试吧：每工作 25 分钟后，休息 5 分钟再继续工作。这个办法曾多次帮我摆脱困境。

原则上，一定要从最不喜欢的任务入手，开始一天的工作。在你完成任务清单上的棘手任务后，你就可以无忧无虑地度过一整天。

这么说吧，唯一可以接受的拖延就是推迟拖延！

规则 9：专注于重要的事务

我清楚地记得孩子们自己上车并系好安全带的第一天。我庆祝着这一重大突破，并在脑中跳起了欢快的舞蹈。不过，在庆祝后勤工作取得重大进步的同时，我也感受到了岁月飞逝带来的恐惧——这是一个苦乐参半的时刻。

不知不觉间，孩子们的需求从一块干净的尿布变成了车钥匙。虽然每个妈妈都为孩子取得的进步感到骄傲，为他们的每一个里程碑喝彩，但妈妈的内心深处仍情不自禁地感到忧郁。

因此，每个妈妈都会尽量充分利用和孩子共度的每分每秒。她们知道，传承家庭价值观和建立永久家庭记忆的机会稍纵即逝。我还从来没有听到哪位妈妈说过这样的话："我和孩子在一起的时间太长了！"不知为何，妈妈都会觉得孩子的童年生活转

"你会发现,随着年龄的增长,时间过得越来越快。"

——维罗妮卡致阿涅斯　巴西里约热内卢

瞬即逝。

作为妈妈,我一直把家庭生活放在首位。但是,由于孩子们的日程安排繁忙,家人聚集在一起实属难得,所以我们努力让共同度过的时光变得更有意义。为了保证家人之间每天至少有一次互动的机会,我要求全家吃晚餐时必须围坐在餐桌旁,用餐期间不允许使用电子产品。只要有时间,我们还会在饭后玩棋盘游戏。一家人在拼字游戏(Boggle)、纵横填字谜游戏(Clue)或"猜猜我是谁"桌游(Hedbanz)中展开激烈的竞争——这一直是我所期待的画面。

尽管我的共餐计划严谨周密、用心良苦,但有时我们也只能用早餐当作晚餐。但从大局来看,盘子里的食物并非关键所在。重要的是,我们把时间花在了最重要的事情上——家人之间共享欢乐、交流互动。

在我看来,一天中最重要的时刻就是家人一起聊天、欢笑、创造美好回忆的时光。孩子们迅速成长,时间弥足珍贵,不容浪费。正如我的公公常说的话:"时间是永远无法挽回之物!"

以妈妈为榜样,你可以审视一下自己的待办事项清单,评估一下哪些是真正有价值的，哪些对实现长期目标最重要，然后对事项进行分类，删掉那些几乎没有价值的事项。这样做会让你更容易分清事件的轻重缓急，从而更有效地管理自己的时间，长长的清单也可能会缩减为寥寥几项。

每个人都有自己的习惯，但几乎所有人都倾向于按部就班，因为这样既安全又舒适。然而有时候，我们并没有意识到自己正在浪费时间，也没有朝着长期目标迈进。

如果任由生活随波逐流，却希望得到良好的结果，那么你会在60岁时带着满满的遗憾离开工作岗位。但是，当你学会高效管理自己的时间，你就掌控了自己的人生方向。作为领导者，如果你希望在纷至沓来的挑战中生存下来，那么时间管理就应该是你的首要任务。

15
有志者事竟成——通过创造性思维解决问题

每个妈妈都知道,定期检查一下孩子的书包是十分有必要的,以便清理吃剩的食物、垃圾,以及几个月前就应该交给家长的重要通知。正是在这种情况下,我在朱利安的书包里发现了30个铅笔握柄。

如果不是就在一周前,朱利安向我要钱买几个握柄,我可能也不会多想。不管出于什么原因,这种握柄在当时很流行,每个孩子都想拥有自己的握柄。

铅笔握柄有各种各样的颜色和形状,有些甚至还能闪闪发光。孩子们把这种握柄套在自己的铅笔上,使铅笔更有特色,同时彰显个人风格。虽然买握柄的花费不到1美元,但我认为这是一项很无聊的开支,因此拒绝给8岁的朱利安提供资金。呃,也就是不支持他在握柄上展示个性。

那么,朱利安到底是怎么拥有如此多个握柄的呢?很显然,我低估了一点,即孩子们在下定决心做一件事时,他们会多么足智多谋。朱利安的做法更是表现出了企业家的潜质。

朱利安最好的朋友是他的女同学劳伦。两人的友谊很特别,因为在他们那个年龄段,男孩通常认为女孩身上有虱子,女孩也觉得男孩很恶心。因此,孩子们往往倾向于跟同性别的孩子做朋友。但我们一直鼓励朱利安在交朋友的时候多关注其他孩子的人品和价值观,而不是他们的文化背景、家庭出身、种族,更不用说性别了。

结果,朱利安和劳伦发现彼此有很多共同点。两人都喜欢《哈利·波特》,热爱阅读,有相似的幽默感,而且都非常喜欢彼此的陪伴。直到今天,我仍记得劳伦的妈妈金打电话给我,问我是否愿意让朱利安参加劳伦在环球影城举办的生日庆祝活动。在我爽快地答应后,她提醒我——朱利安将是唯一的客人。

我对此没有异议,于是两个孩子在劳伦父母的陪同下,在环球影城玩得非常开心。我们支持并鼓励朱利安和劳伦之间的友谊。对二年级学生来说,两人跨越性别界限建立的友谊是一个难能可贵的特例。

和同年级的其他孩子一样,朱利安和劳伦也渴望得到独具特色的铅笔握柄。(事实证明,我并不是唯一一个不愿意资助这一时尚的家长。)于是,两个孩子制订了一个可以被称为"敲诈勒索"的计划。就像黑帮分子对小企业实施犯罪,然后针对未来可能出现的问题提供"保护"一样,朱利安和劳伦也是先创造需求,然后再提供服务。

由于他们的同学基本是按照性别来进行社交的，所以男孩和女孩分别在操场的两边玩耍。朱利安告诉男生们（这是朱利安捏造的），他听到女生们私下在聊男生，并且女生们事实上很想和男生有更多的接触。

与此同时，劳伦在女生那一边也做了同样的事情。突然间，每个人都想知道另一边到底说了什么，但是很少有人有勇气跨过这道门槛。于是，朱利安和劳伦慷慨地自愿充当信使，来回传递信息。两人会以每条信息一个铅笔握柄的合理收费标准来完成这个任务。

就这样，两人的小生意蒸蒸日上。

在我发现了藏匿的东西，并听朱利安解释完他的创业计划后，我震惊极了。我想知道两人是怎么想到这个主意的。

朱利安解释道，他们都非常想拥有铅笔握柄——换句话说，他们受到共同目标的驱使。由于他们都没有钱购买梦寐以求的商品，于是两人达成一致，鼓励男孩和女孩进行交流，这样他们就能在两个群体之间充当信使。

他们为两个群体的信息往来建立了完美的沟通渠道，只是需

"随事制宜。"

——奥利维亚致苏珊　美国得克萨斯州麦格雷戈

要付出一定的代价。

对于学校是否反对两人的这项副业,我心中存疑。但最终我决定,与其关闭他们刚刚起步的小事业,不如顺其自然。不过,我还是为朱利安制订了一些操作原则:不能涉及金钱;一旦学校对此表示担忧,他们必须做好立即关闭所有业务的准备;最后,他们必须定期向我汇报情况,以便让我从旁观察他们的活动状态。

由此,我才知道后来他们俩的生意扩大了业务范围。他们传递信息会收取一个握柄的酬劳,但如果需要带回回复,则收取两个握柄。

当朱利安和劳伦开始在其他低年级班级之间传递信息时,他们的生意变得更加复杂了。不用说,课间休息时他们在操场上跑来跑去,忙得不亦乐乎,两人手中的握柄数量迅速增加。

最后,他们已经不再关心握柄了,只是乐此不疲地经营着自己的生意。当铅笔握柄的热潮过去,他们的生意也就没了。但那份初衷却促使男孩和女孩终于敢于面对面交流了。

俗话说"需求是发明之母",朱利安和劳伦的业务无疑证明

"一定要有养活自己的本事,不能依赖其他任何人。"

——哈蒂嘉致蒙娜　摩洛哥拉巴特

了这一点。

最终，允许孩子自由地实现自己的想法——尽管家长要承担一定程度的责任——给了朱利安和劳伦更多的信心去推进项目，并拓展最初构思的发展方向。

这次经历也让朱利安和劳伦明白了一个道理，即有志者事竟成。只要有坚韧不拔的毅力、开放的心态、创造性的思维，并愿意与持有不同观点的人进行思想碰撞（详见第19章），那么任何人都有能力撼动既有规则，找到解决方案。

通常情况下，你需要的只是一种看待问题的新方法，以及尝试新方案的自由。

领导一个企业不可能永远都一帆风顺，路障总会出现。作为领导者，你的首要责任就是清除路障。

面对问题或挑战，你一定要让团队所有人都参与其中。如果你信任他们，并且他们也知道你是他们的坚实后盾，那么遇到挑

"狗可以狂吠，但大篷车仍会继续前行。"

——玛丽亚·曼努埃拉致卡洛塔　葡萄牙里斯本

战时，你的团队成员就会随时挺身而出。当你激发出团队成员的聪明才智时，你就能释放他们的无限创造力。

看看孩子们想出的点子。他们让想象力无拘无束地驱动自己的思维过程。他们不拘泥于先入为主的想法或观念。作为成年人，你能发扬这种敢作敢为的精神吗？事实上，我们都应该这样做。然而在成长过程中，我们常常被教导要在特定的范围内活动，要遵循预定的程序，要按照特定的操作规则行事。结果是在我们形成照章办事的习惯后，我们就很难改掉这种习惯了。

工作中也是如此。我们在例行公事时会感到舒适，这让我们长期保持着惯常的做事方式，但这也抑制了我们打破常规思维的能力。而作为领导者，你的职责就是突破界限，或者更推荐的做法是完全摆脱条条框框。为了推动这一进程，你可以参考以下的优秀实践经验。

鼓励团队进行创新

一定要鼓励团队寻求创造性的解决方案，并尝试新事物。为了加快这一进程，你可以安排时间专门进行新思路的试验和拓展。**让员工放心大胆地发表意见**，无论他们的想法多么不合常规或离谱。

如果在团队成员提出新想法后，领导者很快就拒绝，或完全忽视他们的建议，那么就不会有人再提出新想法。因此，当有人提出建议时，你一定要注意自己的反应。比如，当朱利安解释他的小副业时，我当然不能立即发表任何评论，而是深呼吸，数到十再开口。然后，我会问一些开放式的问题，比如"它是如何运转的""你是怎么想到这个办法的""是什么激发了你"等等。

更有效的办法是，直接说"跟我更详细地讲一讲"。

集思广益

肯·布兰查德有一句名言："个人的力量永远没有团队的力量大。"大多数新思路都是在各种观点、技能和背景信息的碰撞下产生的。所以不论头衔、角色或职责的差异，你一定要让感兴趣的人都参与进来，还要让来自不同部门或行业的人参与进来。

创造性思维不是哪个人的专利，未来也不会出现哪个人垄断这种思维。问题的答案往往来自意想不到的地方、不可思议的来源或者某个不起眼的个人。

一定要定期举行集体头脑风暴和解决问题的会议，以对目前的工作方式进行评估。这不仅可以让你收获一些好点子，而且还可以表现出领导者对团队成员意见的重视。不要束缚团队成员的思维，要为他们的想象力插上翅膀。有些想法乍一看似乎不切实际，但它们可能会不断激发出新思路，并最终形成你一直在寻找的解决方案。

对任何建议都不要轻易下结论，也不要轻易抛弃。要花时间来脚踏实地、实事求是地思考问题。最重要的是，一切皆有可能，没有什么可以阻挡你的未来！

寻找最佳解决方案

不要满足于最容易找到的解决方案。你的第一反应应该是去寻找更多的解决问题的方法。解决问题需要投入财力、人力、物力、空间、时间……迫于种种压力，我们通常很容易屈服，选择使用以上这些资源来解决问题。但是，还有一个小问题：要是你不具备这些资源，或者你选择把这些资源用于其他方面——就像我拒绝为朱利安的铅笔握柄付钱一样，又该如何呢？

在时间紧迫的情况下，人们更倾向于采取治标不治本的办法，而不是寻找问题的根源。

这可能会对运营、客户和员工造成负面影响——无论是上游还是下游。如果不从根本上解决问题，它可能最终会演变成另一个问题。因此，一定要将解决方案或创意想法可能造成哪些影响考虑清楚，把所有参与者都考虑进来，并搞明白这一方案对每个人的影响。

不要满足于容易或临时的解决方案，一定要引导团队考虑所有可行的替代方案。

呼吸新鲜空气

有没有人独自坐在办公桌前就想出了最佳方案？很少。创意往往会在意想不到的地方涌现——户外、海滩、浴室……

每个妈妈都知道，孩子在户外玩耍时最有创造力，因为不受固定的游戏时间或使用电子产品时间的束缚，他们可以尽情发挥自己的想象力。无论你是 5 岁还是 55 岁，大自然都会给你的想象力带来奇迹。比如我和丹，在一边遛狗一边探索科罗拉多州小径时思维最活跃。所以，让你的团队去远足吧！

失败并不可怕

法国作家安德烈·纪德曾经说过："人只有鼓起勇气离开海岸，才能发现新的海洋。"换句话说，没有风险就没有回报。尽管冒险可能会让你迷失方向，甚至导致失败。

大多数领导者或企业的底线就是避免失败。俗话说，时间就是金钱。因此，这些企业或领导者往往选择不去追求新的机会，尤其是在积极的结果似乎遥不可及且模糊不清时。但事实上，失败是一种宝贵的经验。

失败使人进步，同时也为之后的尝试打下了基础。失败能锻

"尽力而为，允许自己犯错。"

——切瑞致凯特　美国新墨西哥州圣菲

炼人的应变能力，并拓展创新过程的边界。有时，失败甚至会带来意想不到的结果。比如，可口可乐的诞生就是约翰·彭伯顿在寻找治疗头痛方法时的一次失败尝试！

因此，不管是你自己失败了，还是团队中的某个人失败了，都请退后一步，看看能从失败中学到什么。

但是，在克服挑战和寻找创造性解决方案时，你一定要找到最合适的一条路。用塞缪尔·贝克特的话说，"努力过，失败了，没关系。屡战屡败，屡败屡战。每次失败都会带来新的进步"。

从小事做起，一路向前

由于急于解决问题，在面对实施新思路、创造更多收入或解决棘手问题的前景时，领导者很可能会受其影响或被其左右。如果是这样，那你可能就不得不承担超出你和团队所能承受范围的工作。

一定要稳扎稳打，从小处做起，然后再拓展业务。比如，朱利安和劳伦就是从简单的传递信息开始，后来再扩展到双向沟通服务。他们最初只关注小范围的目标客户——在课间休息时为本班级传送信息，然后再将范围扩大到运动队和其他年级，甚至开始在上学前和放学后继续开展信息传递服务。

保守的方法不仅可以降低失败的风险，还可以在遇到困难时创造更多解决问题的机会。

一定要量力而行，制订相对保守的计划，然后在实施过程中不断调整和完善。只有当你对新项目或新举措感到得心应手并充满信心时，你才可以扩大规模。

鼓励并表彰创新

创造力是智慧的游戏。所以，尽情享受吧！享受解决问题的过程，并使之充满活力和乐趣。

任何一个新想法都是个人智慧的体现，因此，一定要给大家机会，让他们轻松无虞地为自己辩护。有时，团队成员会对自己的想法保密，直到大白于天下，因为他们害怕别人抢走自己的功劳。但有时，团队成员不愿意分享新点子，可能是因为他们对自己的想法不自信。

如果领导者能创造一个轻松有爱的环境，大家就更容易放下戒备，不再沉默。即使某人的建议或想法被证明并不可行，或者你根本就没有采纳，也要表彰这种创新的行为！只有这样，才能保证团队成员的创新积极性。

鼓励创新思维会使团队和企业受益良多。比如，它能够促进团结协作，提高员工敬业度，加快问题的解决，更容易营造值得信任的环境，让员工感到自己备受重视等。

重视对创造性思维进行投资的领导者，才能吸引卓越的人才——他们喜欢有意义的挑战，愿意就职于那些不满足于现状，又具有前瞻性思维的企业。当领导者鼓励创造性思维时，它不仅会以创新解决方案的形式带来回报，还会让团队走上建设性合作的道路。

16
与他人融洽相处——关于合作

顺利度过假期季简直太不容易了,对妈妈来说尤其如此。从 11 月中旬开始,每个妈妈都开始忙于计划菜单、寄送圣诞贺卡、购买和包装礼物、发出年终庆祝活动的邀请函、装饰房子等事宜,各种琐事似乎没完没了。

美国人似乎嫌活动仍不够丰富,在距离圣诞节不足一个月时还要庆祝感恩节!移居美国后,我了解了这个节日涵盖的所有传统,并最终成为"指定"的感恩节女主人。

丹的家人第一次来过感恩节时,我没有烹制火鸡,而是给他们制作了摩洛哥粗麦粉。简直太糟糕了!

餐桌上没有火鸡和感恩节的传统配菜,大家都极力掩饰自己的失望,并且非常宽容地享用了粗麦粉。当时,这确实避免了一场"外交"事件,但我的烹饪失误依旧沦为了家庭的笑柄。

第二年,我学会了如何给火鸡填料、涂油和烤火鸡,还学会了如何准备所有的传统配菜。相信我，这次我绝对没再准备粗麦粉！在经历了一场马拉松式的烹饪之后，食物在眨眼间就消失得无影无踪。大家饱餐一顿，回家后体重都增加了三磅。

在独立承担晚宴工作数年以后，我突然意识到，感恩节的意义在于让家人们团聚在一起。那么，有什么能比大家一起下厨房更好呢？于是，我找来丹和孩子们帮忙，并且不是仅仅让他们来当副主厨或清洁工，而是让他们每个人都独立负责一道菜，亲自计划、筹备和烹饪。为什么不呢？

孩子们常常对帮助别人表现出浓厚兴趣，但我们却总让他们去做一些次要的工作，因为担心他们能力不足而为自己添麻烦。实际上，这种做法削弱了他们的自我价值，并传递了这样的信息：他们难以胜任更重要的任务。

在感恩节期间，我决心不让这种情况发生。于是，我总是给孩子们分配家务，无论是洗衣服还是打扫房间。当然，他们也可以帮忙做感恩节晚餐。我还制订了规则。无论他们选择哪道菜，他们都要负责烹饪过程中的每一个步骤，包括后续的清理工作。我告诉孩子们，他们需要自己准备食谱，向我提供购物清单，并在当天做好准备。就这样，我家的感恩节变成了一项团队活动。

朱利安（当时 13 岁）主动请缨要做球芽甘蓝，玛戈特（10 岁）提议制作土豆泥，特里斯坦（7 岁）提出要做节日沙拉。丹同意负责甜点。我仍然负责火鸡和馅料，是宴会的核心人物，但家人的增援让我很感恩。

感恩节那天，厨房里热闹非凡，大家都在争抢台面空间和烤箱使用时间。但很快我们就意识到，大家必须就如何工作达成一致，展开全方位合作，否则下午5点之前我们无法准备好晚餐，而那时家里的亲朋即将抵达。

于是，我们制订了一个计划，策略性地分配了台面和烤箱的使用时间。这个计划决定了后续的后勤安排。虽然孩子们一开始都只专注于自己的菜肴，但没过多久，他们就开始互相帮助并给出建议。

玛戈特主动提出为弟弟切一些沙拉配料，并建议调整一下弟弟这道菜的食谱。朱利安负责看管烤箱，确保菜品不会烤过头，另外还帮忙给火鸡涂油。特里斯坦品尝了菜肴，分享了有关调味料的看法，并且协助捣土豆泥。

每个人还帮忙布置和装点餐桌，然后大家一起打扫厨房的"战场"。众人抬柴火焰高，在客人到来之前，我们清理了堆积如山的脏盘子，把厨房台面擦拭得一尘不染。

当我们终于围坐在桌旁时，孩子们对自己的工作和我们共同取得的成就深感自豪。他们不仅完成了自己的个人任务，而且还互相照顾，自发地合作完成了一些任务，并互相学习。在这个过程中，他们相互合作并取得了相应的成果，这让他们很感恩。

那天，我特别感恩我们的五口之家。通过合作举办感恩节活动，我们取得了更好的成果，每个人都获得了更愉快的体验。

孩子们对彼此的菜肴赞不绝口，当其他家人也称赞他们时，他们脸上洋溢着自豪的笑容。这成了每年的传统，这些菜肴的食谱也成了家人的最爱。作为妈妈,还有一件事特别值得我感恩:孩子们学到了重要的一课,**成功和美食一样,分享出去会更开心。**

年轻的专业人员进入职场后,往往不清楚有效合作的机制,这并非他们自身的过错。学校教育往往助长竞争,让学生相互对立,而不是鼓励合作。然而,借助一些显而易见的参与规则,合作也能成为人的第二天性。

知己知彼,了解他人的能力

作为妈妈,我了解孩子们的能力,可以确保每个人负责的任务与自己的能力相适配。之前已经讲过,现在我再强调一遍:关系是工作的核心。只有了解他人,才能知道他们能为你带来什么。对这一点有了清晰的认知,就可以利用每个人的能力来实现共同的目标。

优秀的领导者会安排社交活动,让团队成员有机会讨论自己的专业领域。一定要鼓励跨职能的工作观摩,并通过工作轮换的模式,指派导师和合作伙伴。这些都能够**促进同事之间的相互学习。**

当玛戈特为特里斯坦的沙拉切配料时,她向弟弟展示了一些基本的用刀技巧,我相信这比我亲自教的效果更好。在工作场所，鼓励同事之间一起学习和练习新技能时，领导者切勿随意插手进行评价。

合作的萌芽往往只需要更好地了解每个人的角色、责任、技能、才能、挑战和义务。只有充分了解别人，人们才有足够的信心去依靠别人。

关注企业的总体目标

帮助团队了解完整的客户体验或最终产品，可以帮助每个人走出各自的孤岛，与其他部门的队友进行协作。

当年我在迪士尼负责艾波卡特馆的零售品类，我们推出的单轨列车玩具套装一经上架就会被一抢而空。由于单轨列车是艾波卡特馆的主要表演元素，因此大多数游客都希望能买到梦寐以求的单轨列车玩具。

单轨列车首次亮相仅三天后，我就被告知仓库里已经断货。怎么会这样呢？原来是迪士尼其他主题公园的某个不怀好意的领导者订购了所有的存货并囤积起来，希望把销售收益引流到他的商店。

他的做法根本没有考虑到，如果游客在艾波卡特馆买不到这套玩具，会感到非常失望。显然，他忽略了大家的共同使命——尽可能为游客提供最优质的体验，更不用说销售收益最终还是会归入同一个账户。经过一番激烈的电话沟通，他才恍然大悟，明白了团结协作（或者说学习"协作101"课程）的重要含义。

> "一定要学会礼貌待人!"
> ——玛丽亚致阿黛尔　南非杰弗里斯湾

最后,我要求各方共享剩余的库存,并记录下"罪魁祸首"的行为。但是,对方团队的正直和诚信在我心中已然崩塌,彼此的合作意愿降至历史最低点。不过,企业内部的合作必须重新启动。于是,在接下来的几周里,我向自己的团队和对方讲述了这件事,确保大家明白要合作就必须克服狭隘。

相信你一定也曾遇到过类似的事情。很不幸,这种低劣且具有欺骗性的举动并不少见,特别是在大型企业中。因此,如果遇到类似的情况,你一定不要犹豫——提醒所有相关人员企业的共同目标是什么,解释这种行为对整个企业有哪些影响,迅速处理问题,果断回应,确保此类情况不再发生。

确定清晰的工作流程

感恩节那天,我们五个人同时在厨房忙碌,大家很快就意识到当务之急是规划好准备食材和烹饪的时间。只有制订完整的流程计划，才能保证每个人都能顺利使用相应的资源，无论是烤箱还是厨房操作台。

团队成员可以在不同的时间点开展项目工作，只要能够保证在最后期限前完成任务即可。清晰的工作流程能使每个人都明确自己需要为团队做出更多贡献的时间节点。这有助于团队成员进行时间管理，即当某项工作暂时不需要他们的时候，他们可以去处理其他相关工作。

把协作纳入考察标准

每个妈妈都非常清楚，要想制止某种行为，就必须对这种行为予以制裁。而如果要促进某种行为，就必须对这种行为予以奖励。想要达成更多的协作？那就使其成为员工考核的一部分——要求团队成员迈开腿，多与同事交流互动，评估成员之间是否成功进行了合作，以及彼此之间合作的频率。以下行为标准可供参考。

此人是否积极听取他人的建议？

此人是否没有偏见，思想开放？

此人是否与别人保持信息互通？

此人是否愿意支持他人并为他人提供建设性的反馈？

此人是否会为了实现共同目标而以团队利益为重？

此人是否赏识他人的天赋、技能和能力？

此人是否赞美他人的成就？

在迪士尼，采购办公室的产品开发人员可以轻松地远程监控销售情况。但我发现，他们的成功与否总是与他们是否愿意与商品部门的其他人员打交道有关。因此，我经常鼓励他们和我一起巡视商店。

在巡视的过程中，他们可以与运营团队接触，相互了解，找到共同点，分享彼此遇到的挑战和期待的前景。一天下来，所有人都做好了相互支持、实现共同目标的准备。

在协作的过程中，大家不仅从合作伙伴的反馈和想法中获益匪浅，还收获了满满的善意。

庆贺取得的成绩

衡量并庆贺共同的工作成果。你可以公开表彰成功完成项目的团队，**庆祝他们因合作而克服了诸多挑战**。

要求团队分享或夸赞彼此之间的协作。宣传团队的集体胜利无可厚非，你甚至可以创造一些条件，让团队成员之间可以相互表彰。如果同事之间认可彼此的贡献，那么他们将更愿意在未来相互支持。这一点适用于我的孩子，同样也适用于职场人士。

树立榜样，与值得尊敬的合作伙伴共享聚光灯。领导者必须表明，他人的成功与自己的成功同样重要。赞美来自企业内部其他领域的观点、倡议和贡献，支持它们的实施，就像我们家在厨房里的做法一样。

当领导者主动向来自不同部门的人征求意见，并定期为他人提供支持时，团队的其他成员也会效仿并相互支持。渐渐地，这将成为企业文化的一部分。

遇到危机时，经常庆祝合作成绩的团队很容易团结起来克服困难，从而取得更大的成绩。大家知道彼此之间互为后盾，因此，沟通起来十分便捷，也能更迅速地发现并解决问题。此外，重复的工作也会减少，所有人都能站在同一立场上，因为大家的目标是一致的。

当合作会拖慢进度时

在极少数情况下，合作可能会拖慢工作进度，尤其是在大型企业或组织中。这些组织往往官僚主义严重，由于涉及的部门众多，合作的运作方式可能会阻碍新项目的快速推出。

要缓解这种情况，可以建立一个由关键参与者组成的小组，小组成员肩负着双重责任：既要代表各自不同的部门发声，又要保证其他参与者了解工作情况。迪士尼开发的"MyMagic+"项目正是采取了这种方式。该项目旨在整合整个"迪士尼世界"的信用卡支付、房间钥匙、公园门票以及预订等一系列功能。

说到"MyMagic+"的规模，实在是讽刺，因为该项目的中心枢纽仅由五位领导者组成。然而，只有这样才能快速高效地推进这项涉及整个企业的计划。

是与紧密团结的小团队一起推进计划更好，还是让涉及项目的所有合作者共同参与计划更好呢？领导者必须权衡以上两者的利弊。有时,过多的会议、意见和参与人员会拖慢决策进程。对有的项目来说,速度对于取得成功至关重要。

  总体而言,合作利大于弊。正如谚语所说:"如果你想走得更快,就独自前行。如果你想走得更远,就与人同行。"你可能偶尔会遇到一些人,他们觉得很难走出自己的"孤岛";还有一些人根本不愿意走,他们会利用一切机会与同伴产生分歧,制造矛盾。作为领导者,你一定要学会管理和解决这些冲突——这也是为人母亲再熟悉不过的事情。

"成功就是在不可避免的情况下做出令人满意的妥协。"

——乔伊致艾琳　美国佛罗里达州圣彼得斯堡

17
你们就不能和睦相处吗——冲突管理

令每个妈妈都备感沮丧的是，自己常常会沦为孩子们争斗时的"指定"裁判。即使是在独生子女家庭，妈妈也不得不面对孩子在青少年时期出现的种种问题。因为在青少年时期，一个向来个性开朗的孩子会突然变得……很有挑战性。

即使孩子在他生命中的前十年堪称是教科书般完美的存在，妈妈只需要偶尔施加压力就能让孩子合作，一旦孩子进入青春期，情况就会发生变化。妈妈除了得面临青少年因激素变化而引发的风暴，还必须直面孩子消极的攻击性反应和对抗行为。

贝蒂·戴维斯有一句名言："如果你从来没有遭到孩子怨恨，哪怕仅有一次，那你就不算为人父母。"对于孩子之间的冲突，妈妈并不是总能做好充分的应对准备，但再说一次，妈妈不能"解雇"自己的孩子，也没有"回购"或"退货计划"。

如果妈妈不愿意把教育孩子的责任交给爸爸、老师、教练或其他任何人，那么她们别无选择，只能自己制订规则或纪律。

你可能从孩子们的童年时代就知道，冲突的形式多种多样：有日常的唠叨和争吵，从"他吃了我的饼干"到"她老是换台"，甚至还有"他在呼吸我的空气"这种夸张的说法。

偶尔，小的冲突也会演变成更严重的争吵，包括大喊大叫、辱骂和摔门。最后甚至会以其中一方被压制而收场。在这种情况下，妈妈通常会采取传统的威胁手段："再摔门，我就把它拆掉！"甚至说："你说话小心点，不然我就去拿肥皂！"（不知道你有没有过这种经历，但我现在还能想起肥皂的味道。）

通常，孩子们的戏码都是在没有大人在场的情况下上演的。这意味着，如果你没有亲眼看见，那么你想要弄清争吵的真相就会像剥洋葱一样耗费很长的时间，最后还会让你泪流满面。但无论如何，妈妈都能挺过来。下面是我经历过的一个例子。

早上7：15，在阳光明媚的佛罗里达，我开车和孩子们像往常一样行驶在上学的路上。当我们接近奥兰多市中心时，交通变得拥堵，但我们仍然有足够的时间按时到达。

玛戈特和特里斯坦正在争论一些电视节目的优劣，朱利安让

"永远不要对彼此恶语相向，哪怕是开玩笑也不行。"
——帕特丽夏致米歇尔　美国纽约州罗切斯特

他们小声点，因为他要为社会学考试复习。

玛戈特立刻反击道："现在才想起来复习，未免太迟了吧！"

朱利安回应道："别多管闲事！"于是，事态开始失控。

特里斯坦站在姐姐一边，两人联合起来对抗哥哥。几人讲话的声调逐渐提高，争吵全面升级。

我已经插不上嘴，没法跟他们讲道理。另外，我还要集中注意力开车。但是，争论没完没了，交通依然拥堵，我的耐心逐渐消磨殆尽。是时候给他们一个教训了。

于是，我靠边停车，按下按钮打开汽车的滑动车门，直截了当对孩子们说："出去。"

当时我们的位置在一个住宅区附近，但距离学校大约还有1英里（约1.6千米）多的路程。所以，孩子们疑惑不解地盯着我："为什么，妈妈？！"

"因为我这样要求了！"

孩子们意识到我是认真的，于是纷纷下车。然后，我按下按钮关上车门，开车离开。

直到今天，我还对孩子们脸上震惊的神情记忆犹新。他们可能疑惑妈妈是不是疯了。别担心，我并没有抛弃我的孩子们。我当时只是把车开到前面的拐角处，停车等了几分钟，重整旗鼓，调整自己的情绪。然后，我又把车开了回去。

那时，孩子们已经开始向学校走去。他们还没走多远，看见我开车回来都松了一口气。当我再次打开车门时，他们回到了车上，鸦雀无声，没有人说话，没有人发问，也没有人抱怨。短暂的休战让他们宣泄了怒气，平静了下来。这时，我很确定他们可能已经记不清争吵的全部内容了。我缓和了局势——至少暂时如此。

我知道，要想让孩子们停止争吵肯定还有更好的办法。于是，我制订了一个计划。我找来一个罐子，它有一个广为人知的名字——"和平与爱"罐。尽管我觉得这个罐子被称为"停火罐"更为贴切，但本着创造积极环境的精神，我最终还是称它为"和平与爱"罐。以下就是它的工作原理。

我把孩子们每周的零用钱——有几美元吧——换成25美分的硬币，然后统统放到罐子里，再把罐子放到厨房的柜台上。从那以后，每当我听到一次抱怨、争吵或是打闹，就从罐子里取走一个硬币。等到周末，我再把罐子里剩下的钱平均分给每个孩子。

在最初的几周里，孩子们震惊地发现他们的零用钱几乎消失殆尽。于是没过多久，他们就意识到了一种简单的省钱方法——改变自己的行为。这种变化不是一夜之间发生的，但我很快就发现孩子们取得了显著的进步。最终，他们不再争吵不休，家里也

"记住，妈妈去世后，兄弟姐妹就是彼此最亲的人了！"

——**托西亚致玛丽莎　加拿大蒙特利尔**

变得安静了许多。

当然，孩子们偶尔还是会争吵，但大多数情况下他们会咬住嘴唇或离开房间，以避免潜在的紧张对抗，这样罐子里的钱就不会变少。

孩子们似乎都不再去触碰对方的逆鳞。在紧张的局势逐渐加剧时，总会有人提醒其他人关于罐子的事以及争吵潜在的可怕后果，这时我就会忍不住偷笑。没有什么比同伴压力更管用的了！

一路走来，我发现手足之争还有很多令人意想不到的好处。多亏了"和平与爱"罐，孩子们必须学习处理冲突，学习回避彼此挑衅行为的艺术，还要学习如何解决分歧。而这一切都靠他们自己去完成。在这个过程中，他们学会了谈判与妥协。

在聆听他们互相辩论和讲道理时，我注意到年纪最小的特里斯坦经常被哥哥姐姐耍得团团转，所以经常吃亏。于是，我琢磨着是否应该干预，但还没来得及插手，特里斯坦就学会了为自己辩护。也就是几天的时间，特里斯坦就变得更加自信，也发出了自己的声音。

我不禁想到，孩子们在家里学到的这些技能以后会为他们自己带来很大的帮助。从这个方面来看，冲突也有积极的一面。

作为领导者，处理冲突在所难免，不要荒谬地以为自己可以幸免于此。由于大家的性格、风格、工作日程和优先级事项不

同，不和谐的事情时有发生。尽管你很想让团队成员自己解决，但事实上，领导者必须承认冲突正在发生，并迅速解决冲突。具体方法如下。

找到解决冲突的合适时间和地点

在大多数情况下，与其立即行动，更明智的做法是暂且离开一会儿。就像我会把自己的孩子扔在路边，然后开车回去接他们一样。妈妈使用暂停的方法不是为了惩罚孩子，而是给孩子和自己一个冷静的机会。远离紧张的氛围，就可以让每个人都有时间控制自己的情绪和杏仁核[1]。

同样，暂时对冲突进行冷处理，能够给大家以提升思维的机会，让大家看得更长远。所以，一定要给大家提供一定的空间，让他们重整旗鼓，重新进行理性思考。这就是为什么妈妈会发出"回房间去"的指令，而且这一指令效果超好。

当你完全准备好要处理冲突时，你最好找一个私密的、中立的场所——最好不在自己的办公室——与事件的利益相关人展开讨论。不能在公共场合谈论这样的问题，因为这显得很不尊重人。而且，这也会助长办公室的闲言碎语，可能会把其他人也卷入冲突事件，并引发站队现象，这是完全没有必要的。

---

[1] 杏仁核，又名杏仁体，呈杏仁状，是产生情绪、识别情绪和调整情绪，以及控制学习和记忆的脑部组织。——译者注

就像所有艰难的谈判一样，你经常会发现，把事件的所有主角集合在一个房间里时，大家的分歧就已经降到最低了。

鼓励畅所欲言，学会倾听

与其仓促得出结论，不如先与那些似乎受到忽视的人展开面谈，听听他们会说什么。考虑一下，是否存在情有可原的情况影响了团队成员的表现，或使他们产生了负面情绪。

作为领导者，你一定要为团队成员营造出可以自由表达担忧和不同意见的工作环境。当然，前提是你必须尊重他们。无论采取何种方式，你都要让团队成员感到放松，能够畅所欲言。

鼓励团队成员保持镇定，从容表达不同的意见。但要明确一点，争论除了能让人把心里的话一吐为快，感觉好一点，没有任何实质作用。

关于这一点，我和丹最近参与的一个有趣的实验可以证明。实验中有一位经验丰富的主持人和 50 名观众，在主持人的引导下，大家对枪支管制、言论自由和堕胎权等问题展开辩论，这些都是当前民众观点大相径庭的问题。不用说，每个人都做好了进行一场激烈混战的准备。

实验开始，两名意见截然相反的志愿者分别在三分钟内阐述各自的观点。在这个过程中，无人打断他们。

然后，主持人总结这两种迥然相异的观点，并开启发言环节，要求观众对此进行提问和评论。尽管当时每个人都态度恭敬，但我们不禁注意到，随着讨论的推进，与会者的敌对态度逐渐变得强烈，评论也变得更加尖刻，紧张局势不断加剧。到最后，人们已经变得直言不讳，更加傲慢，甚至咄咄逼人。

主持人早已为此做好了准备。在感觉大家快要崩溃时，主持人示意助手播放一些迪斯科音乐，并要求所有参与者跳舞，舞步越傻越好。

所有参与者都照做了。在这个过程中，大家释放了讨论过程中不断累积起来的紧张感。疯狂的五分钟过后，大家开始讨论下一个话题。

在实验的最后，我不确定是否有人在任何问题上改变了立场。不过，主持人的这一策略迫使大家不仅要聆听双方的观点，还要学会听取对方的论点，这一做法在当今并不常见。

相信大家都在这次活动中有所收获。就我本人而言，我觉得活动很有启发性，让人受益匪浅。

在处理团队成员的冲突问题时，最大的挑战是如何保证双方在听取彼此论点的同时不会情绪上头。因此，你必须要求每个相关参与者先认真地倾听彼此的观点。就像妈妈对孩子所说的话："等轮到你时你再发言！"

如果可以做到这一点，并在别人发言时抑制住插嘴的冲动，事情就会朝着顺利的方向发展——即使中间没有跳舞环节也一样。

停止指责

有的人试图通过逃避责任和责备他人来提高自己的地位,这种行为就像孩子试图让自己的兄弟姐妹难堪,向妈妈告状说"这是她的错,是她先挑起的争端"一样。

为了企业的健康发展,指出别人的错误是一回事,故意贬低别人又是另一回事。妈妈从来不会鼓励孩子打小报告,领导者也不应对这种行为予以鼓励。正如我曾经告诉孩子们的那样,只有在想帮别人摆脱困境的时候,"打小报告"才是可以被接受的。作为领导者,你应该对你的团队采取同样的做法。

在职场中,八卦别人和互相指责比孩子们的行为要更微妙,但这些行为仍然不可取。相反,找到问题的根源所在才重要。

一定要彻查引起大家不满的原因。积极向员工打听,然后你可能会发现与企业的组织架构、工作流程或个人事务安排等有关的更深层次的问题。

构建共同的利益基础

担任艾波卡特馆的零售品类经理时,我的工作就包括协调、促进零售运营团队与采购办公室之间的合作。生意好的时候,整个零售团队会互相称赞。而当生意不好的时候,采购部门就会很快成为大家口中的替罪羊。如果哪家零售商店表现不佳,运营部门会迅速指出原因在于某些产品缺货或者定价过高。

与此同时，采购办公室的产品开发人员也会指责运营部门没有为该商店配备足够的销售人手，销售人员的服务态度不周到，或者进货速度太慢等。

我的工作往往是让分歧双方明白，任何一方都不可能以牺牲另一方的利益为代价取得胜利。大家必须做出选择，要么一起赢，要么一起输。

所有人的输赢都取决于顾客是否购买产品。这就是衡量所有问题的最终标准。

以上这种情况并不少见。公司内部经常各自为政，大家因此无法围绕一个共同的目标努力或合作。当团队没有朝着共同的目标奋进时，不良竞争就会露出苗头。随着利害关系越来越严重，大家的怨气就会越来越大。为了找到解决方案，你必须确定大家的共同目标是什么，然后专注于构建共同目标。作为一个团队，**一定要找到每个人都认同的共同目标。**

不过，要先做好充分准备。每个组织都有不同的团队——有的甚至属于不同部门——因此彼此的优先级事项各不相同。但是，所有人无论来自哪个团队，都不能忽视企业始终追求的共同目标：满足顾客的需求和愿望。

客户根本不会关心企业的内部冲突或优先事项的差异。相反，他们关心的是结果，是企业的服务或企业提供的产品。客户通过消费参与企业的工作决策。因此，千万不要忘记，处理冲突的唯一目标就是以一种人人共赢的方式服务客户。

有了共同目标后，个人的任务和责任就必须首先服从团队的共同目标。在达成目标的过程中，团队成员之间会突破自己的小圈子，看到各自不同的优先事项之外的东西。

解释你的决策

领导者必须积极协商，直到有关各方都对决策满意为止。但有时候决策不一定能让每个人都满意。如果出现这种情况，一定要抽出时间解释清楚这一决策背后的原因——这就好像妈妈宣布"因为我是你的妈妈，这就是为什么"的情况，只不过更加具有挑战性。

你或许无法让所有人认可你的决策，但你必须取得所有人的支持。清晰而明确地解释决策过程，能让团队成员感受到自己被尊重和重视，即使他们的观点与决策大相径庭。

在解释决策的过程中，你可能需要运用一些策略来帮助那些抵制的人。最终，虚心解释每项决策不仅会影响他们，而且还会对客户产生影响。

对我的孩子来说，他们的共同目标是让"和平与爱"罐中的钱不缩水，他们感兴趣的是确保自己能拿到更多的零用钱。

那么，企业团队的"和平与爱"罐里装的是什么呢？

最糟糕的事情莫过于领导者本身就逃避冲突并回避理应面对

的问题。处理问题应及时，因为等待的时间越长，怨恨加剧的可能性就会越大。请相信我的话——否则整个团队都会受到影响。人们会八卦、站队、诋毁他人，事件的主角会感到痛苦，甚至彼此的敌意也会增强，所以遇到问题千万不要拖延。

当然，还有一种可能性，即冲突会带来机遇。作为领导者，与持不同意见的人接触、交流会使你受益。因为他们不仅仅是单纯的煽动者或叛乱者，无论如何，他们持有一个有价值的观点或理由，所以你一定要敞开心扉，专心倾听。在不同的观点或视角之下，总会存在一种相对合理的见解。你不一定要同意这种见解，但无论如何要关注它。

在正面解决问题时，你一定要鼓励讨论和协商，并强调大家的共同目标。只有这样才能有效避免工作环境恶化，领导者才有机会向团队表明，事实上，分歧也可以产生积极的结果。

当你直面冲突，你可能会被撞得鼻青脸肿，但同时，你可能也会因此变得更加明智。成功地处理冲突是检验优秀企业文化和健康家庭的最终试金石。

"我们是无知的，面对不同的事情，每个人都有无知的一面。"

——马塞拉致安娜　墨西哥墨西哥城

18
穿越激流——处理危机情况

2006年夏,我和孩子们在法国度假。有一次,向来喜欢挑战冒险活动的我带着自己的三个儿女和两个侄女乘坐独木舟沿河漂流。五个孩子中,特里斯坦是年纪最小的一个,他们中最大的也不过14岁。

这条河很容易航行,没有陡峭的坡度,所以我以为大家会玩得非常开心。在一个阳光明媚的下午,我带着五个孩子出发了。玛戈特、伊莉斯和苏菲想共乘一条独木舟,于是我和两个男孩乘坐另一条独木舟。特里斯坦被夹在我和朱利安之间,非常安全。

在四个小时的航程过半时,即大约两个小时后,我注意到河道变窄了,这导致河水在峡口处变得非常湍急。那个地方的水似乎也深了许多。

我和男孩们绕到了峡口处的边缘,以避开水流的全部力量,但女孩们的独木舟撞上了隐藏在水下的一棵倒下的树,小舟侧翻了。伊莉斯和苏菲很快浮出了水面，但玛戈特不见了踪影。

我担心她的救生衣被树枝缠住，无法浮出水面。因此，我必须迅速采取行动！出于本能，我立即跳进水里去救我的女儿。但是，我的位置在下游，离使独木舟侧翻的树木整整有六英尺（约1.8米）远，水流的巨大力量使我无法靠近。当时我感觉这简直就是一场噩梦！

突然，我意识到自己应该怎么做。我从水里出来，沿着海岸往上游跑了一段，然后又跳进河里，这样，水流就会把我带到女儿被困住的地方。那几秒钟简直就像是过了一辈子。

幸运的是，水流直接把我冲撞到独木舟上，而独木舟被冲走。然后，玛戈特得以浮出水面，我把她拉到岸边，实施抢救。玛戈特恢复正常呼吸后，马上大哭起来。看见她的眼泪，我心中万分感恩。她哭了，是好事，这意味着她没事了。

接着我查看了其他孩子，结果发现特里斯坦正独自一人坐在独木舟里顺流而下——朱利安已经跳下小舟，来到我身后帮助抢救妹妹。好在伊莉斯和索菲一直沿着河岸奔跑，追着特里斯坦的独木舟。随着河道变宽，水流逐渐减慢，两个女孩很快赶上了独木舟。

在确认大家安全后，我们评估了这次的损失。丢了两支桨和一台相机，还有几件衣服漂流到了下游。但最重要的是，我们都活着。

之后，我安慰了孩子们——玛戈特也放松下来——并告诉他们，我们必须再次回到独木舟上，因为只有这样才能到达船只租赁公司接应我们的地方。可以理解，孩子们都不愿意继续乘舟航行，但是当时的我们别无选择。

我的目标是把我们一行六人安全带回家。于是我向孩子们保证，一定会小心翼翼地前进，如果再遇到刚才那样的瓶颈式狭口处，我们就先下来，沿着河岸拉着独木舟走一段路，直到水流再次变慢。

玛戈特鼓起勇气回到独木舟上，其他人也跟着上来。于是，我们再次顺流而下，尽管我努力镇定自若地与大家交谈，但孩子们的情绪肉眼可见地焦虑，即使是平时一向健谈的两个侄女也一言不发。最后，我们终于到达了会合点，上岸后我长舒了一口气，表扬孩子们的坚强与坚韧。

直到那天晚上丹从美国打来电话，在说到今天的独木舟之旅时，我才终于意识到了这件事情的严重性。当意识到这一切可能会带来怎样的糟糕结局时，我不禁痛哭起来。

直到今天，我也对自己当时清醒地从河里救出玛戈特而震惊。我觉得，这可能就是出自为人母亲的本能吧。

生活中很少遇到这种危机的情况是何其幸运啊！但是，那年夏天发生的事情让我懂得了如何渡过危机。

即使在工作进展良好的时候，领导者的工作也并不轻松，更不用提在危急时刻，那时才是领导者真正发挥作用的时候。在危急时刻，所有人都充满期待地仰望着企业架构中顶层的领导，寄

希望于他们能找到解决方案。这时,领导者一定要采取以下几个关键步骤。

认清形势

首先,当你或你的组织遇到不可预见的危机时,你绝对不能逃避责任或举棋不定,一定要行动起来。但在采取行动之前,你一定要先评估形势,再决定是立即行动还是少安毋躁,先收集更多的信息。

如果是需要立即采取行动的危急时刻,那就千万不要犹豫。但如果尚有时间,你一定要暂停一下,特别是在即将做出可能产生至关重要的后果时。在做出任何决定之前,你都要仔细考虑大局和长远影响。

一定要倾听别人的意见,但更要专心分析事态发生"瘫痪"的原因。这种事实调查会耗费很多时间,因此这也会使决策更加具有挑战性。与此同时,你的团队也会变得更加焦虑不安,问题可能会更加棘手,预期的压力还可能会影响所有人的判断力。

"真正厉害的女人,往往谦虚谨慎。"
——利伯塔德致杰西卡　委内瑞拉卡维马斯

危机悬而未决的时间越长，对领导者的信誉损害越大。因此，一定要竭尽全力快速回归常态。

不要让情绪成为障碍

当玛戈特消失在水中时，我理所当然非常担心她的生命安全，并产生了强烈的情绪反应。不幸的是，**这种情绪会影响人的判断力，使人很难清晰地思考并做出理性的决定。**（这就是"杏仁核劫持"现象[1]。）

面对危机，一定要不惜一切代价控制自己的情绪，让自己专注于最紧迫的事情。有一些情绪是人之常情，但一定不要受情绪左右。相反，深吸一口气，利用肾上腺素的激增，将全部注意力和精力集中于手头的事情上。

专注于最重要的事情

问问自己，什么才是最重要的？一旦得到答案，请你务必专注于此。危机一旦出现，就绝对不要再去追求多元化结果或去寻

---

1 杏仁核劫持（即 Amygdala hijack），是知名的《情商》一书的作者丹尼尔·高曼（Daneil Goman）提出的概念。杏仁核是大脑中负责情绪的中心，在某些情况下，情绪会自动接管大脑，成为大脑的智慧管理员。任由情绪发泄，即所谓的受到杏仁核的情绪劫持。——译者注

找完美的解决方案。

9·11当天,由于美国重要地标建筑遭到袭击,我们立即疏散了迪士尼乐园的游客。这时,确保游客不受任何伤害是园区唯一的优先级事项,而从未考虑收入的损失或可能造成游客的不满。直到所有人的安全得到保证,乐园才再度完全开放。

有时,因缺乏合适的解决方案,你可能会处于两难境地。这时请你思考一下必须牺牲什么,然后再想一想什么才是最重要的事情。这个时刻,你可能不得不听从自己的直觉。

无论你的选择如何,一定要行动起来,因为最糟糕的情况可能正是无所作为和缺乏果断。相信你也不想在回首往事时,才后悔自己什么都没做!

重塑信心

记住,面对危机,你的团队的情绪波动亦颇为激烈。因此,只有保持冷静,你才能有效化解团队成员之间的紧张关系,让他们恢复理性思考。**要想缓解团队成员的焦虑,你就必须保持冷静**。情绪是会传染的,所以一定要传播平和,而不是焦虑。

在我们的独木舟危机期间,我敏锐地意识到一个事实,即孩子们都想知道,在大家重新踏上行程后,我将会有何种表现。因此,我绝对不能让孩子们察觉到我的不安,绝对不能动摇信心,因为孩子们最不愿意看到的就是本应引领前行的母亲却表现得惊慌失措。

与团队及时进行交流

根据我的经验,沟通障碍会加剧危机态势。危机出现时,也正是最需要努力沟通的时候。当事情处于危急关头时,你一定要对决策保持公开透明,解释清楚决策背后的原因。如果不进行有效沟通,团队其他人可能会妄下结论,做出可能会让事情变得更加糟糕的假设。所以,**危机时沟通应该更加频繁**。

沟通不仅可以使团队确信情况正在得到解决和控制,而且可以防止局势失控。即使并没有掌握所有的事实或答案,依然要与团队分享你所掌握的情况。因为有交流总比没有好。

事后分析危机出现的原因

评估危机出现的原因很重要。但这件事应该在尘埃落定之后进行,届时你可以理性地检查问题并探寻根源。

至于之前所说的独木舟事件,我责怪自己独自带五个孩子去漂流,身边却没有其他成年人帮忙。当然,我也向独木舟租赁公司说明了发生的事情,这样他们就可以警示未来的客户,甚至可能会移除隐藏在水底的树——这确实是造成翻船的根源。

最后,我们总能从这些经历中学到一些教训。如何处理危

急情况，可以在很大程度上反映出一个人的性格和处理问题的能力。

有些人会在做决策的重压下崩溃，转而求助于他人；有些人吓呆了，根本无法做出应有的反应；有些人则勇敢地接受了挑战。这时，如果将肾上腺素运用得当，人们就会完成平时做不到的事情。它可以增强人的力量，激发人的勇气，提高人的反应能力和专注力，增强人的脑力。

因此，处理危机可以塑造一个人的性格。在这个过程中，人的知识得以增长，技能得以提高，宝贵的经验也不断累积——尽管在危机突如其来时人们根本无暇顾及这些。

回顾往昔，我们最终会意识到人在危机中能够学会很多。当你成为一名领导者，你就会发现自己有太多不懂的事情，还有太多的东西需要学习。因此，这就要求我们必须不断地自我完善与提高。

19

继续努力——个人发展

1995年8月2日,是我记忆中最刻骨铭心的日子之一。从这天起,我开启了我人生的新阶段——朱利安出生了。

当护士把儿子放在我怀里的那一刻,我意识到做母亲的责任之重大。从那天起,我知道我将永远不会停止学习。

为另一个人负责会改变你的视角,让你重新考虑自己对待生活的态度。

突然间,我发现我需要掌握的新技能越来越多,我需要权衡的决定也越来越多,而这些都不是容易的事。正当我以为自己掌握了养育孩子的诀窍,可以把养育第一个孩子的经验复制粘贴到下一个孩子身上时,我却发现没有两个孩子是一样的。

如前所述,在生育之前我对如何养育孩子毫无准备。我从未照顾过新生儿,更不用说换尿布或给婴儿喂奶了。在伦敦做交换生时,我曾有过一段照顾蹒跚学步的孩子的短暂经历,但当时的

> "任何东西都要买两件,以防万一。"
>
> ——卡罗尔致玛希　美国纽约州纽约市

工作基本上只是围绕着让孩子吃饱和跟孩子做游戏而展开。

我不知道晚上的婴儿有时哭闹不是因为饥饿,而是因为他们需要安慰。我不知道最好提前准备六七个安抚奶嘴以备不时之需,也不知道最好准备两三个孩子喜欢的泰迪熊。

除了我与姐姐相处的经验,我对如何处理兄弟姐妹之间的竞争几乎一无所知。

我不知道可以通过将蔬菜制成奶昔来避免让孩子看到蔬菜形状的小窍门,也不知道用粘毛器清理闪光粉的方法。

我不知道冷水可以有效止住孩子的哭闹。

我不知道既定惯例和逆向心理学艺术的妙用。

我不知道另一个兄弟姐妹出生后,刚刚蹒跚学步的孩子会因为感到被忽视而故意捣蛋,以引起注意。

我不知道重复教育和积极强化的魔力。

我不知道可以在玩"扭扭乐"时教孩子们乘法表,让乘法表变得有趣易学;也不知道可以在家里藏闪卡,并通过玩"猜冷热"[1]的游戏激励孩子学习基本词汇。

在面对十几岁青少年成长带来的挑战时，我缺乏必要的心理学知识和外交技巧。

我不知道如何识别受到过度刺激、即将发脾气和过敏反应等迹象。

你懂我的意思。这份清单永无止境。

因此，我开始阅读有关育儿的书籍，向朋友和亲戚咨询，向专业人士寻求建议，甚至求助于谷歌来获取育儿相关知识和最佳做法。但很快我就意识到，每个孩子都是独一无二的存在，因此大部分经验必须在为人母亲的实践中获得。

孩子们对不同的事物会有不同的反应，所以妈妈必须先选择一种策略，在之后的实践中不断调整、适应或采用完全不同的新方法。

没有一本育儿指南能够百分百地保证万无一失。因此，和其他妈妈一样，我只能自己去摸索，在实践中学习。

---

[1] "猜冷热"（Hot or Cold），是适合全年龄段的英语词汇游戏，适合在学校和两个孩子以上的家庭进行。通常规则是，请参与游戏的孩子 A 闭上眼睛，老师或家长将任意物品藏到班级或家里任意地点，然后请孩子 A 睁开眼睛寻找，其他孩子不能告诉孩子 A 物品的具体位置，只能通过说出"cold"（冷）、"warm"（暖）和"hot"（热）进行提示。如果孩子 A 距离所藏物品较近，其他孩子说"warm"，反之则说"cold"。等孩子到达目标位置旁边时，其他孩子可以说"hot"，孩子 A 在规定时间内找到目标物品即获胜。——译者注

"在哪里种花,在哪里盛开。"

——多莉致苏珊　德国波恩

这就是为什么当妈妈是一件困难的事,同时妈妈常常会感到困惑和谦卑的原因。为人母亲后,你很快就会认识到自己的局限性和不足之处。孩子会抛出各种意想不到的难题,把你的缺点暴露出来,并且这一切都发生在众目睽睽之下。

就算你选择忘记这一点,孩子天生具备的唤醒你的记忆的能力,也能让你意识到自己还有很多不足之处。事实上,到了青少年时期,孩子会明确地表示,在他看来妈妈什么都不懂!

做母亲以及爱护子女犹如一次艰苦的磨砺——它可能会出其不意地伤害你,尤其是你的自尊心和自信心。因此,随着孩子的成长和变化,妈妈也在不断成长和改变。你逐渐学会了用更有效的方法帮助孩子应对各种挑战,甚至是那些你自己从未经历过的挑战。你还学会了新的技能和各式各样的手段。

妈妈始终专注于培养最完美的孩子。妈妈会评估和分析自己的表现,还经常成为自己最苛刻的批评者,因为她们对自己要求很高。妈妈发现自己的局限性,袒露自己的脆弱,并努力在前进的过程中不断改进。每位妈妈始终致力于成为最好的妈妈,永远不会停止学习的脚步。

你有没有尝试过将卓越的领导者所具有的品质和行为罗列出来？如果你这么做了，你就会发现这份清单可能永远没有完成的那一天，因为清单上的内容永无止境。无论是过去、现在还是未来，还没有哪位领导者能够完全满足所有的品质要求。

但是，优秀领导者有一个共同特征，即他们都是勤奋的学习者。就像妈妈一样，他们深知学习永无止境。因此，他们会不断提升自己的技能，扩大自己的知识面。

威廉·波拉德曾说过："成功者最大的傲慢，就是认为昨天所做的一切足以应付明天。"

我还想补充一句："昨天所得的知识，对明天而言已然不足。"当我意识到每个孩子都有独特的性格和需求时，这一道理愈加明显。

在商业领域，事情的发展瞬息万变，每一天都比前一天的情况更加复杂。即使你认为自己已经掌握了一切必需知识，还是请你三思而行。因为卓越是一条漫长且无尽的发展道路。

亲爱的读者朋友，如果你能读到这里，相信你一定渴望了解如何成为更好的领导者。那么，为实现这一目标，请查看自己的日程表，为以下事项留出充分的时间。

随时随地学习

为了实现随时随地学习，请广泛阅读，参加讲座，聆听 TED 演讲，加入"领英学习"[1]，并与你的同行、专家或导师积极交流。同时，你还可以加入一个头脑风暴小组。更推荐的做法是聘请一位教练，帮助你设定目标。教练不仅能为你提供指导和鼓励，还能促使你进一步自我提升，因为你要对为你提供时间和支持的人负责。

你不必等到绩效考核不佳、与上级领导进行沟通，或者自己的个人缺陷变得十分明显时，才开始全力以赴，拥抱学习。**你能为自己、家人和团队做的最大的贡献，就是尽你所能去成长**，这样你才能更从容地面对生活中的考验和磨难。

从错误中吸取教训

想象一下，你刚刚完成了一个项目或一项复杂的任务。你可能迫不及待地想喝杯香槟庆祝一下，或者直接进入下一个项目。别急！请认真审视自己刚刚完成的工作。

一定要进行事后总结。想一想哪些地方可以做得更好。问问自己：如果让我再做一次，我会用同样的方法吗？哪些地方行得

---

[1] "领英学习"（LinkedIn Leaning），目前全世界最大的职业能力学习和培训平台。——译者注

> "如果我在二十岁的时候，就懂得现在所了解的知识，那该多么好……"
>
> ——安娜致瓦莱丽　法国里昂

通？哪些做得不够好？

要从挑战、错误和失败中学习。只有当你不能从错误中吸取教训时，错误才是悲剧。牢记你学到的东西，并将其应用到下一个项目中。

如果你认为这是在浪费时间，那你不妨考虑一下另一种选择——重复犯同样的错误。

向你的团队学习

当面临交付压力时，你很容易陷入一种不好的习惯，即只执行你认为最容易的行动方案，而不愿意让团队参与进来。你没有鼓励团队成员对你的思路提出质疑或挑战。

有时，领导者甚至会无意识地通过使用封闭式问题来引导团队给出自己想要的答案，这些问题不需要使用分析或批判性思维。这会限制答案的范围，即使这真的是你的无意之举。

与之不同的是，使用开放式的高层次问题会为重要见解敞开大门,并产生更多可行的选择。

例如,问"我们的客户注册流程有哪些步骤需要改进?",与问"你将如何设计改进我们的客户注册流程?",两者的区别就在于此。前者在范围上具有局限性,后者则鼓励别人提出更多意见和更广泛的答案。

同样,你是否曾问过自己:"难道你不认为我们应该……吗?"

这其实不是一个真正的问题,你只是在提出建议。当你以这种方式表达时,团队成员可能会感到不舒服,不愿表达与你相左的意见。

在征求团队意见时,请你深吸一口气,适当沉默片刻,让你的问题深入人心。有些团队成员可能需要一些时间来整理思绪、拟定答案或提出建议。你可能已经对这个问题思考了很久,但对他们来说,这可能是第一次听到。

之后,请继续提出开放式问题,以获取更多的反馈意见,并向团队表明你确实愿意向他们学习。然后,进行最后的发言,分享你的观点。

制订自我发展目标

自我发展是一项长期投资,不会产生立竿见影的效果。因此,我们经常将其推迟,声称等自己有时间、有精力或者没有紧急事项的时候再去做。但是,这一天永远不会到来。

所以一定要专门留出提升自我的时间,否则其他事项就会填满你的日程表。就像健身一样，如果你不预留出去健身房的时间，你将永远没有空。

为确保将自我发展列为优先事项，请把这一事项列为团队和自己的正式任务，要求每个人都设定发展技能、能力和知识的目标。然后，通过将其纳入绩效考核，让自己和团队负起责任。这将激励我们优先考虑至关重要的自我成长问题。

生命不息，学习不止。虽然领导者可能会将自我发展的方向定位在与其角色和职责相符的专业领域，但通过涉足新领域和进行新实验来拓展思维也是有用的。这就是为什么伟大的领导者会受益于探究和求知的天性。

20
孩子是怎么来的——培养好奇心

第一次带孩子们去法国时,我们以每小时 100 个问题的速度开车穿越这个国家。"为什么这些建筑这么古老?""为什么法国人开车这么快?""谁决定蜗牛是食物?""法国人真的戴贝雷帽吗?"……当然,还有一个常问的问题:"我们到了吗?"

在我们终于到达目的地后,一连串问题又接踵而至。"他们一周吃几次青蛙腿?""他们早餐喝酒吗?""为什么她的牙齿上戴着项链?"(玛戈特看到一个戴牙套的女孩时问了这个问题。)

孩子们不会因为自己的无知而感到害羞,相反,他们毫无顾忌地展示自己天生的探究欲。他们想知道人们为什么会有这样的行为,事物是如何运作的,未来会怎样……以及婴儿从哪里来。他们对生活中的一切都充满好奇。

当然,他们不停地提问有时也会让人疲惫不堪。而且,妈妈并不总是知道答案。如果遇到这种情况,我会反问:"你觉得呢?"

这个问题会促使孩子运用批判性思维，自己想出一个合理的答案。更何况，这个问题还能从孩子天真的嘴里直接引发无数有趣的小故事。

有一次，在观看航天飞机发射时，7岁的朱利安想知道，如果航天飞机在起飞后出现故障，美国国家航空航天局（NASA）是如何修理的。还没等别人回答，玛戈特（当时4岁）就自信满满地说道："用胶带！"

不幸的是，随着孩子长大成人，这种天真、好奇心和求知欲就逐渐减弱了。为什么呢？因为学校通常教育我们正确答案只有一个，我们必须在规定的范围内涂色，并遵守规则，而不能浪费时间去研究假设性的解决方案。这就大大缩减了自由表达、探究欲和实验精神的空间。

学校要求问题必须符合教学大纲，不鼓励孩子们跳出框架思考，这实际上扼杀了孩子们的探究欲和创造力。

我一直鼓励孩子们大胆尝试。但我并不总是对他们的实验大加赞赏，尤其是有一次，他们在登机时把一块口香糖粘在飞机外面，想看看飞机着陆后口香糖是否依然存在！［最后的结果是，口香糖确实还在。但它已经变成了一团两英尺（约0.6米）长、黏糊糊的东西！］

不过，通常情况下，我只是观察他们探究世界，让他们尽情玩耍。例如，玛戈特8岁时，她和朋友塔拉问是否可以制作"塔-戈特"（Tar-Got）沙拉。我很好奇她们会想出什么办法，于是就给她们开了绿灯，允许她们去翻冰箱和储藏室。

我远远地看着她们把蔬菜、胡萝卜和黄瓜小心翼翼地切碎，再组合在一起。（到那会儿为止，一切还很正常。）然后，她们又加了一杯切片草莓。（不是我的口味，但无所谓。）不过，当我看到她们把蜂蜜和酸奶小心翼翼地浇在沙拉上，然后再加上姜黄粉和一大撮辣椒粉时，我还是被吓到了。然后更离谱的是，竟然还有一勺大蒜粉，再加上——等一下——一些巧克力软糖糖浆。光是想想这些味道的组合就足以让我作呕。

我看着她们把"塔-戈特"沙拉端上桌，然后坐下来准备享用自己的作品。果然，她们每一口都吃得津津有味，并自豪地宣布这是她们吃过的最好吃的沙拉！因为害怕被分到一份，我选择不与她们争辩。

我知道，除了一起烹饪的乐趣，**女孩们还获得了在没有任何指导下创作所带来的满足感**。我必须克服提供指导或规定结果应该是什么样子或什么味道的欲望。取而代之的是，我选择不插手，让她们按照自己的好奇心去实践，从而促进她们学习。

时至今日，玛戈特和塔拉都不会忘记，把大蒜粉、巧克力糖浆、蜂蜜和辣椒粉混合在一起的沙拉配方。这是个灾难……即使她们永远不会承认这一点！

人的探究欲是与生俱来的，尤其是在面对新事物、新人物或新环境时。人永远无法完全摆脱自己六岁时内心深处的那份纯

真。当人们有机会获得新知识，或者探究欲被激发时，他们就会变得精力充沛、活力四射。

当有机会自由尝试时，人们不仅会更加关注体验，而且会更有效地总结经验教训——就像孩子自己探索时一样。人们会运用批判性思维，付出更多努力，取得更好的成果。

作为领导者，一定要鼓励你的团队去探究、尝试、追随自己的好奇心。以下几点建议可供参考。

培养好奇心

当你考虑开发新产品或服务时，你可以让团队"下厨房"，制作他们自己的"沙拉"。不仅他们会在这个过程中学到东西，你也会受益匪浅。

为了学习，在经过深思熟虑后，你也可以适当冒一些风险：在企业内部营造一种环境，即无论结果如何，都要奖励求知欲；拨出一些资源，以便你和团队能够探索新的领域，甚至追求一些与工作无关的兴趣爱好。

请要求团队成员弄清自己想知道什么，然后让他们自由寻找答案。

这将进一步激发他们的自主意识，培养他们独立工作的能力。培养兴趣爱好的能力能够为个人提供智力上的刺激和满足感，从而有助于提高他们在企业或组织中的留任率。

那么，为什么不在团队会议开始时问一句，"最近学到了什么,可以和大家分享一下吗"?你会发现,答案可能微不足道,也可能丰富多彩。

鼓励好奇心

领导者必须帮助团队克服假设和恐惧等阻碍因素。因此,你一定要鼓励你的团队成员提出各种异乎寻常的问题和建议——即使这些观点看上去是"离经叛道"的。有些问题会揭露事实真相,使人获益良多。还有一些问题会挑战人的固有思维,有助于个人成长以及领导者的发展。

在商业环境中,团队成员往往会克制自己的好奇心,倾向于提出一些安全的问题——那些不会损害他们在组织中的地位或既定思维方式的问题。需要强调的是:即使你的团队没有提出棘手的问题,也不意味着他们没有疑虑。因为这很可能意味着他们缺乏提问的勇气,或者知道你不会认真倾听。

因此,你一定要明确表示你欢迎具有挑战性或看似奇怪的问题。你甚至可以考虑指派团队中的某个人担任当天的"特约调查员",让他(她)负责反驳既定的思维方式,探索新的领域,或者大声提出每个人心中烦恼已久的问题,比如"如果我们这样做……会怎么样?"。

以身作则,你可以尝试用以下几个问题试探你的团队:"你们怎么想?""我们最好的选择是什么?""如果你是我,你会怎么做?""有什么是我遗漏或没有考虑到的吗?""这怎么会是个问题?""有哪些非常规的选择?""有什么疯狂的想法值得我们考虑吗?"等等。

举办黑客日

除非你为团队成员提供实验或探索的时间和空间,否则他们是不会主动进行实验的。因此,如果条件允许,你可以安排一天时间,让整个团队都能从事任何引起他们兴趣和好奇心的工作,只要这些活动不是他们日常任务的一部分。

这是一个探索新领域、新活动甚至新技术的重要机会。你可以让大家分组或独立完成自己选择的活动。这个活动能打破常规,并为团队成员创造机会,让他们多与平时很少接触的企业内部其他领域的人员交流。

做一个有好奇心的领导者

好奇心具有传染性,因此通过树立榜样来激发团队的好奇心至关重要。你要表现出对学习新技能的兴趣,提出有力的问题,引发深度思考,迫使自己挑战既定的做事方式。

我发现,可以借用曾经用来提示孩子们的问题来提问。"为什么要这样做?那样做行不行?""如果……会怎么样?"然后我会和大家一起寻找答案。

孩子们每天都会提出一大堆问题,而我作为妈妈并不总是能给出满意的答案。有时,我会用一句"事情就是这样!"来搪塞他们。但孩子们总是不停地追问。所以我发现,不仅对我的孩子,而且对我的团队来说,点燃好奇心最有效的办法就是说:"让我们一探究竟吧!"

孩子可以客观地看待事物,因为他们没有过去的参照物,所以不会被偏见或先入为主的想法所束缚。(顺便说一句,我赞同玛戈特的说法,用"牙齿上的项链"来形容牙套要有趣得多!)孩子在好奇心的驱使下不断提问,有时会迫使妈妈想出一些别具一格的答案。

同样,你和团队也是如此。只要你愿意放下成见,重新审视自己的工作方式,并运用独特的工作方法,你和你的团队都将受益于这种方式,取得更大的成功。

最后,你会发现,大家对知识的渴求会成倍增长。随着懂得的东西越多,我们会发现自己不了解的地方也越来越多。而且,当所处的环境越丰富多样,我们学到的新知也就越多。

21
多么美好的世界呀——接纳文化多样性

就在朱利安上幼儿园四周后，学校邀请我们参加家长开放日。班里每把椅子的椅背上都粘着一个孩子的自画像。因此，当我们走进教室时，有二十张手绘的小脸蛋正"盯"着我们看。

我和丹扫视了所有座位，寻找哪怕是最微小的细节，以便找到属于我们儿子的座位的线索。但我们想尽了办法，还是无法辨认出朱利安的画像。后来老师过来帮忙，将一张画着棕色小脸的画指给我们看。

原来，朱利安把自己的肤色画成了和他最好的朋友琪琳一样的颜色。琪琳是印第安人后裔，当然这并不重要。我和丹笑得前仰后合，老师也松了一口气。事实上，儿子对自己的肤色与好朋友肤色之间的差异毫无察觉，这让我们感到无比欣慰。

这件事证实了我们的观点：孩子并不是天生就有偏见，如果有，那一定是后天教育的影响。孩子对肤色的差异视而不见，直到他们不断观察周围人的行为，倾听别人的话语，受到了不同的教育，才发现自己与他人的不同之处。孩子的世界观就这样一点一点地被他们的所见所闻所塑造，他们会采纳这些观念并模仿相应行为。

这强调了妈妈通过尊重和接纳文化多样性来示范适当行为的重要性。妈妈必须注意自己的一言一行，因为在向孩子传授多元文化价值观时可能会伴随许多陷阱和挑战。这里远不仅仅指的是种族和肤色的多样性。

2001年夏天，我第一次独自带孩子们去欧洲。当时，我辞去了迪士尼的工作，打算在接下来的一段时间里专心养育孩子，所以我和孩子们终于有时间去法国探亲了。

正如我之前提到的，孩子们在旅行中会问很多问题，到达我的家乡后也不例外。一天，我和孩子们去杂货店买东西。

停好车后，我们去取购物车。在法国的大多数商店，购物车都被锁在一起，购物者必须投入一欧元硬币才能将购物车移开，等把购物车放回原处并按下锁扣，就能拿回硬币。你经常会发现乞丐会策略性地在附近等待，因为他们知道这时的购物者更容易施舍手中的零钱。

因此，当我们推着购物车走向商店入口时，7岁的朱利安问道："妈妈，这些人在干什么？"我解释说，他们很可能无家可归，需要钱买食物。

朱利安安静地思考着我的回答，最后说道："我们美国没有这样的人。"

我惊愕不已。孩子们怎么会对美国一些人所面临的困境熟视无睹呢？片刻后，我恍然大悟：我们住在迪士尼世界附近一个漂亮的住宅区，在那里，"魔力"延伸到了当地的商店和设施。我家的孩子上的是一流的学校，学校里的孩子一般来自富裕家庭，比如我们家还会去法国度假！他们根本没有体验过贫困。

这个发现让我感到非常羞愧。这同时也立刻引发了我的思考：孩子们不知道的事还有多少呢？这不是我和丹培养孩子的初衷。我们都了解世界的多样性，种族、民族、宗教信仰、性取向、生活水平等等。我们不仅尊重每一个人，而且珍视多样性，我们当然也希望孩子们了解这一点。

这段经历让我意识到，我有必要有目的地向孩子们传授价值观，比如拥抱文化多样性。但首先，我必须正视自己认识不足的问题。

记得我曾与玛戈特一位同学的母亲贾米科讨论过歧视问题。贾米科来自非裔美国人家庭。当我告诉她我从未在孩子们的学校看到过任何形式的歧视时，贾米科温和地反驳道："当然没有！因为你是白人。"

这就是第一课：**你没有看到或经历过某事，并不意味着它不存在。**

许多年前，就在圣诞节前夕，我看到一个年轻的非裔美国青少年在我们的社区徘徊。我的第一个念头是，圣诞节期间人们家门口会有很多包裹，这个年轻人会不会是想偷包裹？

这时我突然意识到，如果他是白人，我就不会做出同样的推断。我的第一直觉是往最坏的方面想，仅仅是因为他看起来不属于这里！

我知道有这种想法的人并不只有我一个。相信很多人都会在同样情形下做出类似的推断。

几年后，我认识了弗朗西丝，她是一位无家可归的老妇人，在奥兰多市中心露宿街头。我曾多次与她交谈，并在晚餐时向家人讲述了我们的对话。我告诉家人，我非常惊讶地发现弗朗西丝博学多才、能说会道。

话音刚落，我就意识到自己又一次狭隘了。我一直以为，弗朗西丝穷困潦倒、无家可归，就意味着她没有受过教育。

这些只是我所知道的几个例子。我不知道自己有多少次缺乏自知之明，甚至没有注意到自己在说什么或在想什么。我意识到，仅仅努力辨别自己的偏见是不够的，但这是一个开始。

这是第二课：**每个人都有根深蒂固的无意识偏见，这些偏见会影响人们的判断。**

认识到这一点需要时间和觉悟。我仍然认为自己是一个需要进步的人——我们大多数人都是如此。我非常愿意与我的孩子、家人和朋友一起探讨这个话题，以培养承认偏见所需的自我意识，并鼓励其他人也这样做。

我还致力于为我和孩子们寻求尽可能丰富的多元化体验。例如，我们把三个孩子送到犹太社区中心（JCC）去上学前班。虽然我不是犹太人，但这对我们全家来说都是一次很好的学习经历。

> "要去的地方太多，而时间太少！"
>
> ——伊莎贝尔致伊莉斯　法国拉巴蒂罗朗

在此过程中，我有很多不懂的问题，又不想弄巧成拙，于是我亲爱的朋友马希成了我的顾问，为我讲解犹太教的一切。就这样，我和孩子们了解了犹太食品、犹太教复活节、普珥节、光明节、赎罪日以及犹太教的许多其他仪式。我们经常参加安息日活动和成人礼，并在这一过程中结交了一生的朋友。

旅行时，我们常常选择非常规的旅游景点。我们乘坐当地巴士，寻找偏僻的住宿地。在南非旅行时，我们曾住在索韦托，在棚户区中的临时小酒吧[1]品尝自酿啤酒。

我们抓住一切机会在家里接待不同国籍、文化和种族的人，并与他们建立了深厚的友谊。每当向与自己不同的人敞开大门时，我们对他们的经历和大家共同的世界就会有更深入的理解。

因此，我相信我的孩子们在拥抱差异方面表现得远比我出色。原因很简单，因为我们很早就让他们接触到了世界的多样性，并且这种文化已经融入我们的日常生活。我们可以惧怕多样

---

[1] 指无执照小酒吧（Shebeen），又译为地下酒吧（非法销售酒的酒吧），或低级小酒吧。——译者注

性、忽视多样性，也可以拥抱多样性。我们家选择了后者，并且我可以坦率地说，这使我们的生活变得更加丰富了。

作为一个母亲，我学会了与孩子们谈论文化多样性，强调不同背景的人存在哪些共同点。同时，我也鼓励他们广泛结识各行各业的人——即使有时这会让他们走出自己的舒适区——讨论差异能教会我们什么。

这就是第三课，也是最后一课：**在生活中，一定要有目的地讨论、寻求、欢迎和接纳文化多样性。**

环顾你的企业或组织。如果大家看起来都是同一类型的人，那就有问题了。当人们有着相同的性别、年龄和种族背景时，大家看待问题的视角往往也趋于一致，那么，基于相似的背景，大家也会得出相似的结论。如果是这样，你们就将错失很多机会。

人们很容易被和自己相似的人吸引。因为这样的关系既舒适又安全。比如，让我来负责招聘工作的话，如果我不刻意追求文化多样性，我就会主要招聘操法国口音的中年女性。这就是所谓的亲和偏见。为了防止这种现象在工作场所发生，请参考以下的方法。

评估遴选程序

如果想要增加团队的多样性，首先就要考虑招聘渠道。尽管理论上我们始终应该聘用最优秀的人才，**但前提是求职者备选库必须足够多元化。**如何做到这一点呢？在不同的地方寻找未来的新员工。

如果你的团队中已经有一些少数族裔成员，你也可以请他们推荐一些求职者。为了鼓励少数族裔求职者，你可以在公司网站展示团队的多元文化，或邀请少数族裔团队成员参与遴选的过程。

你也可以使用评估工具，在招聘过程中采用客观的方法，以消除任何歧视行为。除了关注求职者是否符合贵公司的企业文化，你还要考虑那些能使团队更加多样化的人，以及那些能带来独特经验、视角和才能的人。

传播多元化价值观

在多元化问题上，一定要避免含糊不清的立场。领导者要明确表明，自己重视并尊重组织中的每一个人。

就像妈妈为孩子树立榜样一样，领导者必须非常清楚什么可以接受，什么不可接受。比如，要雇用理念一致的求职者。请记住，偏见是根深蒂固的，当一个人的观点与你的观点大相径庭时，你几乎不可能改变他。千万不要聘用与你立场迥异的人。如果你明确自己的立场，与你意见相左的人就会自动选择离开。

优化组织结构

我们经常会在企业的组织结构中看到一位孤独的女性或有色

人种同事，这些人存在的意义更多是象征性的。所以一定要优化团队的构成，尤其是管理团队。

少数群体在高层中的代表性（或缺乏代表性）充分说明了一个企业或组织的文化。另外，如果求职者或少数族裔团队成员在企业的高层或接近高层的位置上没有看到与他们相像的人，他们就会知道，自己向高层流动的机会有限。因此，他们可能会选择到其他地方发展自己的事业。

包容不一定要全盘接纳

建立一支多元化的团队并不意味着来自少数群体的员工比其他员工更有发言权，也不意味着他们的贡献和独特观点需要得到特别优待。

因此，为了使公司真正具有包容性，你一定要保证所有员工的安全和福祉，要使用包容性的语言，提供灵活的工作安排和育儿假，庆祝不同文化中的节日，并满足员工的宗教需求。

在孩子们去犹太社区中心上幼儿园时，我曾不断思考：哪些行为可以接受？哪些不可接受？我需要做什么？什么是恰当的选择？等等。企业的领导者也必须进行类似的反思。

优秀的领导者一定要确保所有人都能自如地代表自己的文化或信仰。你一定要询问少数群体的需求，并积极主动地为员工创造机会，让他们能够自由表达关切和意见，而无须担心受到负面影响。

参与和学习

如果想要改变现状,你需要鼓励团队成员之间开展对话,这样可以让他们了解并重视多样性和包容性。这就像是与孩子们在餐桌上的对话。谈话要随意,不带评判,只讨论无意识的偏见。大家可以从分享自己的偏见开始,这样做可以提高自我意识。

承认并分享自己的缺点至少可以鼓励他人进行自我反省。你可以提供一些测评工具,比如哈佛大学的"内隐联想测验"(Implicit Association Test)等。这个在线测试是识别你和团队无意识偏见的好方法。

但不要止步于此,**一定要鼓励互动**。比如,当我们接待来自日本、尼日利亚、南非、摩洛哥和西班牙的客人时,或者当我们邀请穆斯林、犹太人和同性伴侣来家里做客时,我们向孩子们传达了一个明确的信息:拥抱多样性不仅仅是说说而已,是真的要让不同的人群融入我们的生活。

学会妥协与让步

我无法假装真正理解那些因肤色、宗教信仰或性取向而受到歧视的人的感受或经历。但是,我可以从一个女性的角度来谈谈这个由男性主导的世界的歧视问题。

女性在职场面临诸多障碍,最主要的就为了家庭或孩子而不得不放弃事业的社会压力。为什么对女性来说,做妈妈和发展事业之间似乎相互排斥，而男性却并非如此呢？

女性常常遭遇厌女症，一些男性对女性领导还会恶意揣测。我注意到，越是接近企业或组织的高层，女性所占的比例就越低。我还注意到，一些公司会因为认为某些男性有潜力就提拔他们，而要是女性申请同样的职位，他们却以缺乏经验为由不予考虑。

同样，我也见过男性申请自己根本无法胜任的工作，而那些有成就且经验丰富的女性，能力却常常遭到怀疑。

我的经历告诉我，女性必须达到更高的标准——尤其是在外貌方面——才能获得与男性同等的成功。

然而，即使我是某个少数群体中的一员，也并不意味着我就能够理解其他少数群体所经历的边缘化。因此，对这个问题必须谨慎行事。但我相信少数群体可以而且应该参与对话，并积极开展自己的工作。

你要不带任何评判态度，帮助他人了解你对团队的多元化要求。我相信，有些人之所以不愿意与一些少数群体接触，是因为不知道如何去做。大家害怕出丑或伤害别人的感情。

与其等着别人来问问题，不如主动发起对话，以帮助大家更好地理解相关问题。这将为双向交流打开大门。

要做好迎接团队犯错误的准备，并帮助团队成员修复问题。比如，跟团队成员解释哪些做法合适，哪些不合适，哪些具有冒犯性——就像我的朋友马希曾清楚地告诉我所有需要了解的犹太文化，从而让我避免了一些文化上的失误。

记得多年前我们前去参加玛戈特朋友的成人礼。当我和丹被介绍给拉比时，我伸出了手，拉比看着我，但没有回握。在尴尬的停顿之后，他的妻子走上前来，代替丈夫与我握手。

当时我不知道这位拉比属于正统派，他不能与妻子以外的其他女人有身体接触。他的妻子出手救场，避免了我被晾在一边不知所措，窘迫难当。她的洞察力帮了大忙。她意识到我并不了解情况，因此出手救场避免了我的难堪。

当前，我们距离完美社会还有很长的路要走，但我对年轻一代充满信心，因为他们成长在一个紧密联系、广阔开放的世界。

多元化已成为一种差异化竞争优势，它能对业绩产生积极影响，同时还能够吸引更多人才。据统计，多元化程度较高的公司的表现明显优于其他公司。因此，多元化和包容性不仅是正确之选，也是明智之举。如果没有其他原因，具有包容性的员工队伍有助于拉近企业与员工（无论是未来的团队成员还是客户）之间的距离。

22
谢谢，妈妈——结尾

如果在近义词词典中查找"nurture"（养育）的近义词，"照顾""发展""培养""支持""培育""鼓励""促进""激励""提升""协助""推进""帮助""加强"等词汇就会映入眼帘。

虽然这些词通常与母亲有关，但领导者也应该这样对待自己的团队成员，不断培养他们并引导他们朝着共同的目标前进，实际上就如同照顾和关注孩子一样，让他们在成长过程中充分发挥自己的潜能。

幸运的是，自上而下的领导风格已经过时，年轻一代很少能容忍这种权威式的领导者。相反，最有效的领导方式是建立在关怀、尊重、赋权和参与基础上的。

但这并不意味着领导力就是彩虹和独角兽。妈妈也不是。这两个角色是艰辛的，也是令人沮丧的，在这两个角色的要求下，你能做的实在有限。你努力为孩子们创造良好的家庭环境，让他们茁壮成长，但却无法确定自己是在为他们的大学学费存钱，还是在为他们的保释金储蓄。

同样，领导者可以通过展示正确的行为，来营造良好的团队文化，但这就好比说"让我们玩得开心点"，你无法强迫所有人开心。不过尽管如此，你也可以创造适当的环境，让他们有享受其中的机会。

无论是领导者还是妈妈，都希望自己播下的种子、投入的资源和付出的时间能够开花结果，实现自己的远大理想，让员工或孩子茁壮成长。

说到有效的领导力，你不需要魔法棒，也不需要精灵之尘。只需运用本书所述的所有基本原则：教导、培训、设定期望、鼓励、指导和纠正，以及以身作则，然后反复练习。这也是妈妈日复一日做的事情。

我写这本书主要是希望帮助那些正在寻找答案和灵感的领导者。当你感到束手无策、疑虑重重、犹豫不决、迫于压力而无法做出正确决策时，不妨问问自己：如果这些团队成员是我的孩子，我会怎么做？你要找的答案可能就在这里，就在你的眼前。

"如有疑问，回归基本。最好的解决方案往往很简单。"

——努哈致凯蒂娅　美国加利福尼亚州洛杉矶

同时，这本书也是为了那些怀疑自己是否有能力重返职场、承担领导责任的全职妈妈和爸爸而写。我必须提醒这些妈妈或奶爸：你懂的知识比你想象中更丰富。如果你掌握了安抚蹒跚学步儿童的艺术，学会了处理孩子学校的多项任务，并在抚养青少年的过程中幸存下来，那么你已经准备好领导一个团队了。

最后，请记住每个人都曾经是个孩子，你知道父母的教育什么时候有效，什么时候无效，甚至你可能还记得自己是如何利用妈妈的错误逃脱责任的。毫无疑问，我就对此深有体会。

的确，在领导力方面妈妈是伟大的智慧宝库。尽管妈妈并不总是正确，但她们仍然教会了孩子什么可行，什么不可行。

毫无疑问，妈妈做着世界上最伟大也可能是最辛苦的工作，同时提供着无尽的爱和严厉的关怀……妈妈没有得到任何形式的补偿，却赠予我们宝贵的财富——卓越领导力的基本原则。

所以，如果尚未认识到这一点，请你花点时间欣赏并感谢你的妈妈，感谢她的辛勤工作，感谢她给予你的一切——包括生活的教训以及关于领导力的重要启示。

后　记

20世纪80年代，如果有人问我对自己今后的生活有什么设想，我会毫不犹豫地回答，我想要拥有自己的事业，因为我对结婚没有兴趣，更不用说生孩子了。然而，我不仅结了婚，还生了三个可爱的孩子。

我不知道自己做了什么竟然拥有三个这么优秀的孩子，他们每一个都善良、幽默、健康、勤奋。在我眼里，他们还有很多锦上添花的其他优秀品质。我知道这可能是妈妈偏爱自己孩子的真情流露，但我确实觉得自己无比幸运，能拥有这三个不可思议的优秀子女——这不仅因为他们品行优秀，还因为他们每个人都个性鲜明。

同样的父母却能养育出三个如此不同的孩子，每个孩子都有自己特殊的技能、天赋和鲜明的个性，这始终让我感到非常惊讶。我想，这样的事实应该是为了让父母们时刻保持警觉，让他们知道，对于每个孩子，父母必须使用为孩子量身定制的教育策略。

作为妈妈,孕育一个新生命本身就会让你对生活有一个全新的认识。生育还赋予了妈妈新的优先事项,在养育一个小生命的过程中,妈妈也会变得更有韧性和耐心。养育的美妙之处在于,妈妈可以在这个过程中不断学习。孩子会让你受到意想不到的教育。回首过去,我发现孩子们教会我的东西可能不亚于我教会他们的一切。

朱利安、玛戈特和特里斯坦,感谢你们教会我的诸多道理。我珍惜每一次经验与教训,重视每一次新的领悟。

欢迎你们继续与我分享知识。

我爱你们。直到永远。

妈妈

智慧传递

我相信,《每个妈妈都是天生的领导者》一书已经帮你找到了一些成长为领导者的机会。下面的一些问题可以进一步帮你发现你潜在的盲点。

你不妨用这些内容来指导自己,无论你身处多大规模的企业或组织,你都可以将妈妈的智慧运用到领导者的角色中。

1. 品格至关重要——招聘要看价值观

- 作为领导者,我最看重什么?哪些行为支持这些价值观?
- 我期望团队成员具备哪些不容商量的价值观和行为?
- 我如何向应聘者传达组织的价值观?

2. 初为父母——入职培训

- 我们目前的入职流程是什么?
- 有什么证据表明我的企业关心新员工?新员工的到来是公

司的大事、要事吗？我们是否让新员工感到欢迎备至？

· 入职培训中是否安排了让领导者去了解新员工的程序？

3. 传授基础知识——有效的培训

· 培训计划中纳入了哪些学习方式？

· 是否为新员工提供了提问题的机会？是否在必要时延长新员工的培训时间？在哪个时间节点安排提问环节？在哪个环节可以延长培训？

· 如何确保新员工已经做好了独立工作的准备？

· 目前是否有适当的程序来评估培训计划的质量？如果有，是否包括问询新员工以下问题？

» 你遇到过哪些障碍？

» 关于这份工作，你希望自己了解哪些方面？

» 你是否希望对某个领域有更多了解？

» 作为一个企业或组织，我们还可以做些什么不同的事情？

» 我们如何更好地为未来的新员工做好准备？

» 在入职和培训过程中，哪些人和哪些事对你帮助最大？

4. 我是你的朋友——与员工建立稳固的关系

· 作为领导者，我与团队成员的关系的质量如何？

· 对于每一个直接下属，我是否能够很好地回答以下问题？

» 这个人平时通过做什么来放松自己，让自己振作？

» 这个人如何做出决定或得出结论？

- » 这个人在工作方法上是否能够做到全面而有条理？
- » 这个人是否在小组讨论中表现出色，还是只有在别人的要求下才肯发言？
- » 这个人喜欢被公开表扬，还是更喜欢在私下被认可？
- » 这个人如何应对变化和临时要求？

5. 学会倾听和理解——培养情商

- 什么会触发我的情绪反应？
- 我怎样确保自己恰当地表达情绪？
- 应该怎样做才能让别人知道我理解他的感受？
- 我是否经常注意以下几点？
  - » 最近团队成员的个人表现和行为是否发生了变化？
  - » 有些团队成员是否比平时更加慌乱或更加不知所措？
  - » 他们是否在生闷气或通过肢体语言表现出敌意？
  - » 他们是否能够快速提出反驳？
  - » 是否感觉到团队成员兴致不高或心不在焉？
  - » 这些行为的根源是什么？
- 我多久会问一次团队成员以下问题？
  - » 你的工作量是否可控，最后期限是否切合实际？
  - » 我怎样才能帮助你解决那些反复出现的、给你造成压力且让你感到力不从心的问题？
  - » 我如何帮助你改善工作体验？

6. 规定就是规定——设定预期

· 团队交付的结果有多少次不符合我的期望？我是否明确提出了期望？

· 我的团队成员具备哪些个人技能？

· 我是否了解过员工的离职原因？

　» 你是否考虑过离开组织？如果有，是什么原因导致的？这是最近发生的吗？

· 我是否做到了人尽其才？

· 我的团队有哪些可用资源？又需要哪些资源？我是否做到了将任务与资源相匹配？

· 我是否规定了完成任务的具体日期和时间？

7. 未来会怎样——树立长远愿景

· 作为一个组织和团队，我们想在五到十年内实现什么目标？

· 如何向组织传达这一长期愿景？传达的频率是多久一次？

· 为了实现这一长期目标，我们每天都应该做些什么？

· 我们有实现愿景的明确战略吗？

8. 请相信我——创造相互信任的环境

· 如何通过自己的行为，更好地展示自己的价值观和专注的重点？

· 我如何对我的团队负责？

· 可以将哪些职责下放给团队成员，并表明我信任他们的判断力？

·如何与同事或团队成员分享聚光灯？

·我是否经常说别人的坏话？

处理失信行为时，问自己：

·是否有迹象表明我可能过快信任对方了？我是否对不好的预兆熟视无睹？

·这种失信行为是否反映了个人的性格？

·对方是否真的关切彼此之间的信任问题？他是否理解我的感受？

·对方愿意改变自己的行为吗？

·我们今后如何继续合作？

·我是否可以制订一些新的规则，让我们再次建立信任？

9. 施以严厉的爱——给予反馈

·如何更好地提供有效反馈？

·我害怕什么？

·如何接收反馈？

·我是否一开始就设定了正确的期望？

·我要纠正的行为是什么？

·我可以信赖的事实又是什么？

·这种行为对团队和组织有什么影响？

·如果我不提供反馈，会发生什么？

反馈后，问问自己：

・是否为团队成员提供了表达观点的机会？

・我鼓励团队成员提出解决方案或行动方案了吗？

・我们需要采取哪些后续行动？我是否制订了时间表或设定了截止日期？

10. 干得好——奖励与认可

・目前我为团队提供奖励和表彰的流程是什么？

・如何确保表彰既注重努力，又注重结果？

・我希望看到哪些行为成为企业的第二天性？

・每个团队成员对奖励和认可的反应如何？我是否了解他们在获得认可方面的个人偏好？

11. 你能听到我说话吗——如何进行有效交流

・我是否跟公司内部不同的个人或群体确立了具体的沟通协议？（例如当面沟通、会议、备忘录、一对一、全体会议、播客、语音邮件？）

・对于跟我一起工作的每个小组，我是否知道哪种沟通方式最有效？（例如当面沟通、会议、备忘录、一对一、全体会议、播客、语音邮件……）

・是否有机会创建一个信息中心？应该指派哪些团队成员负责向组织内部传达信息？

・如何提高会议效率？（例如确定开会目的、与会者、时间、议程等）

· 哪些会议可以从会议室开会改为步行会议？

· 我建立了哪些机制让信息流回到我这里？

· 我如何让自己更平易近人？

· 我怎样才能让大家在工作中随时看到我、找到我？

· 我应该多长时间跟团队成员进行一次办公室面谈？

· 团队成员如何匿名联系我？

· 团队成员联系我的最有效方式是什么？我是否给自己设定了回复时间表？

· 我应该多久召开一次团队反馈会议？

· 当遇到坏消息或负面反馈时，我该如何应对？

12. 我有一个故事——把讲故事作为一种领导力实践

· 什么时候可以把讲故事作为一种领导力实践？

· 哪些故事能抓住企业价值观和文化的精髓？

· 通过分享这些故事，我希望看到哪些变化？

· 要提高讲故事的能力，我需要做些什么？

13. 我想向你学习——成为榜样

· 我可以为团队示范的最重要的行为是什么？

· 我可以创造哪些具体机会来进行行为示范？

· 面对团队成员的弱点或缺点，我该如何更好地进行引导？

· 为了给新员工留下持久的第一印象，我可以为他们示范哪些行为？

・我怎样才能找出自己和团队的差异行为，即说一套做一套？

14. 时间问题——时间管理
・待办清单上哪些重复性工作可以捆绑在一起？
・哪些任务可以分解成更易于管理的工作？
・如何减少分心或干扰？
・如何制订行动计划来消除拖延症？
・怎样才能优先处理最重要的任务，放弃不那么重要的任务？
・谁是我可以依靠的人？我可以把哪些任务委托给他们？
・我将如何制订每日行动计划？
・每周我将为自己安排多少时间？
・每月我将留出多少时间来实现长期目标？

15. 有志者事竟成——通过创造性思维解决问题
・如何营造一个可以放心表达想法的环境？
・应该多久举办一次头脑风暴和解决问题的会议？
・在寻求创新和解决问题的过程中，我该如何传达"失败并不可怕"这一理念？
・我应该如何在创新和解决问题的过程中表彰团队成员？

16. 与他人融洽相处——关于合作
・如何让团队成员了解彼此的技能、优势和才能？
・如何让领导者成为他们各自专业领域的老师？

- 当看到团队成员之间相互协作时，我该如何奖励？
- 在给团队成员评分时，我会考虑以下问题吗？
  » 这个人欢迎别人提意见吗？
  » 此人是否不带偏见，思想开放？
  » 此人是否随时向他人通报情况？
  » 此人是否支持他人并为他人提供建设性反馈？
  » 此人是否会为了实现共同目标，优先考虑团队利益？
  » 此人是否愿意庆祝他人的成功？

17. 你们就不能和睦相处吗——冲突管理
- 在管理冲突时，我怎样做才能达到最好的效果？
- 怎样才能使冲突双方迅速从相互指责转向寻找解决方案？
- 如何找到冲突双方的利益共同点？
- 我的团队可以团结在一起的共同目标是什么？

18. 穿越激流——处理危机情况
- 在处理危机时，我应该如何提高自己评估形势的能力？
- 为了迅速恢复自信心，我需要做些什么？

19. 继续努力——个人发展
- 我应该花多少时间来提高自己的能力？
- 我多久让我的团队跟我分享一次他们的知识？
- 我如何确保自己从错误中吸取教训？

· 我的自我发展目标是怎样的？

20. 孩子是怎么来的——培养好奇心

· 我可以在什么时间和地点鼓励团队分享他们所知道的或最近学到的知识？

· 如何激发团队成员的好奇心？

· 如何用问题引导谈话并鼓励团队成员提出意见？

· 我应该提出哪些问题来激发团队成员的好奇心？

21. 多么美好的世界啊——接纳文化多样性

· 目前团队的多样性如何？

· 我们应该在选拔过程中做出哪些改变，以建立一个更加多元化的求职者储备库？

· 如何才能提高自我意识并识别自己的无意识偏见？

· 如何更有目的性地与团队讨论多元化问题？

· 如何鼓励团队中的少数族裔成员教导其他人？

· 如何在组织中鼓励包容性？

22. 谢谢，妈妈——结尾

· 我从妈妈那里学到了哪些具体的行为？

致　谢

这本书我构思了许多年。最初的想法源于我的公公李，他经常谈起他的妈妈，以及他妈妈是如何促使他成长为今天的杰出领导者的。虽然他和我成长于不同的时代和不同的环境，但我对他分享的许多经历产生了共鸣。

有了自己的孩子后，我意识到妈妈教给我的经验不仅是永恒的，而且还可以代代相传，从一个家庭传递到另一个家庭，并最终在工作场所得以应用。这就是我写这本书的根本动力所在。

将这些构想付诸笔端的过程中，我得到了许多人的帮助。

本书的编辑阿黛尔·博伊森不仅纠正了我的一些蹩脚的语法，而且在我差点迷失于语言翻译之际，督促我将想法具体化。

摩根·詹姆斯出版社的凯伦·安德森和大卫·汉考克赞成本书的出版。我对他们给予我的信任深表感谢。

当然，我还必须向世界各地的亲朋好友致谢，他们欣然提供了各自钟爱的妈妈名言。我对他们的关爱和友谊满怀感激，这足以证明无论时间长短、距离远近，我们与所爱的人永远不会分离。

感谢我认识的所有辛勤工作的父母，谢谢你们对我的激励。作为父母，我们也许并不总是完美无缺的，但我们始终心怀善意。

感谢李和普莉希拉，我心目中最好的公公婆婆，还有我的其他美国家人：感谢你们欢迎我融入这个大家庭，感谢你们张开双臂接纳我成为你们当中的一员。（关于感恩节用粗麦粉招待大家这件事，我深感歉意。）

感谢我的姐姐安妮克、姐夫埃里克、侄女和外甥，以及我在法国的所有亲人，你们虽然远在大洋彼岸，但我永远牵挂着你们。

感谢我的妈妈安娜，您是世界上最出色的妈妈。感谢我的丈夫丹，甘愿做我的甜心爱人。我永远是你的知心伴侣。